教育部人文社会科学研究青年基金项目

中国农村家庭食物安全解读

基于营养脆弱的视角

孙颖　林万龙◎著

中国经济出版社
CHINA ECONOMIC PUBLISHING HOUSE

·北京·

图书在版编目（CIP）数据

中国农村家庭食物安全解读：基于营养脆弱的视角/孙颖，林万龙著.
—北京：中国经济出版社，2018.12（2024.1重印）
ISBN 978-7-5136-5407-4

Ⅰ.①中… Ⅱ.①孙… ②林… Ⅲ.①农村—食品安全—研究—中国 Ⅳ.①TS201.6

中国版本图书馆 CIP 数据核字（2018）第 236274 号

责任编辑　冀　意
责任印制　马小宾
封面设计　任燕飞装帧设计工作室

出版发行　中国经济出版社
印　刷　者　大连图腾彩色印刷有限公司
经　销　者　各地新华书店
开　　　本　710mm×1000mm　1/16
印　　　张　12.5
字　　　数　160 千字
版　　　次　2018 年 12 月第 1 版
印　　　次　2024 年 1 月第 2 次
定　　　价　58.00 元

广告经营许可证　京西工商广字第 8179 号

中国经济出版社 网址 www.economyph.com 社址 北京市东城区安定门外大街 58 号 邮编 100011
本版图书如存在印装质量问题，请与本社销售中心联系调换（联系电话：010-57512564）

前 言
Preface

受国内外经济环境的影响，我国近年来的食物价格一直在波动中呈现不断上涨的趋势。传统上认为，农户作为农产品的主要生产者，其食物消费是"自给自足"的，他们不易受到食物价格上涨的影响。但随着市场化程度的加深和生活水平的提高，农村居民食物消费的货币化程度正在逐步加深。同时，农民收入受市场波动和农业自身生产特点的限制，其收入水平也存在不稳定的因素。在收入波动和食物价格上涨的双重作用下，农村贫困居民的食物消费支出负担加重。本书从营养脆弱的角度考察了食物价格对农村家庭营养摄入的影响。所谓营养脆弱性，是指缺乏正常生活需要的食物营养摄入的概率或是忍受营养相关的患病率或死亡率。

本书通过对中国健康与营养调查项目 2006 年和 2009 年数据，对农村的营养脆弱家庭进行了测度，并在此基础上分析了食物价格对营养脆弱家庭的营养摄入以及家庭内部分配的影响。研究的主要内容和结论有：

（1）全国宏观数据统计表明，我国农村居民的食物消费货币化趋势明显，食物消费对市场依赖程度增大。同时，我国农村居民的食物消费价格也一直处于波动上涨的趋势，农村家庭的食物消费活动受市场价格影响日益增大。

（2）农村仍存在营养脆弱的家庭，食物价格对农民的营养摄入具有重要影响。本书在计量分析的基础上对农村家庭的营养脆弱性进行测度，结果发现，有近四成的营养脆弱农户属于营养脆弱家庭，在未来可能会陷入营养贫困的境地。在能量摄入方面，非脆弱家庭比脆弱家庭更易受到食物价格的影响；而在蛋白质摄入方面，脆弱家庭更容易受食物价格的影响。此外，本书还通过理论模型和已有的经验验证分析，进一步验证了在商品化率不同的情况下，价格上涨对于农户福利的影响差异。结果表明，粮食和蔬菜作为基本食物需求，其需求价格弹性相对较低，当其价格上涨时，生产者的生产者剩余增加可以抵消其消费者剩余的损失，其总福利增加显著；而肉类和鸡蛋作为商品化率比较高的食物，其消费和供给价格弹性也较高，因此，这两者价格上涨对农户的净收益增加相对较少。

（3）农村食品市场的建设和完善是影响农村居民食物获取的重要因素。本书的实证结果表明，距离自由市场越远，越不利于农村居民的营养摄入；自由市场规模越小，越不利于农村居民的营养摄入，尤其是不利于蛋白质等高质量营养的收入。

（4）家庭因素对脆弱农户的食物消费和营养摄入也有重要影响。本书的实证分析表明，家庭特征对于脆弱家庭的影响也非常显著，尤其是家庭规模和家庭结构，家庭规模过大以及儿童数量过多的家庭都不利于其能量摄入。农户自身的家庭条件和应对风险的能力对营养摄入的影响非常重要。但农户家庭内部在食物分配方面并没有出现明显分配不公的现象。

在以上的研究基础上，本书认为要在食物价格上涨背景下，提高农村居民的食物安全，需要做到以下几点：一是进一步完善农产品价格调控机制，加大对微观粮食安全的关注程度；二是加大对农村基础设施的投入力度，完善农村食品消费市场建设；三是关注城镇化进程给农户带来的食物安全方面的影响；四是加强对农村脆弱家庭的补贴力度，保障脆弱群体的食物安全。

目 录
Contents

C
HAPTER

第一章

绪　论

1.1 研究背景和主要研究问题

1.1.1 研究背景

　　食物可获得性和食物获得能力是食物安全最基本的两个方面，所谓食品的可获得性指的是食物的产出和分配，即对于需求者存在着可供消费的食物；食物的获得权是指需求者对食物的拥有权或购买力。二者表达了食品的生产、销售和分配的整个流程对于保障人类生存有重要的意义（朱玲，2010）。《中国农村扶贫开发纲要（2001—2010）中期评估政策报告》也指出，虽然目前我国国家层面的粮食供给充足，但并不能保证每个家庭和个人都有能力得到维持生存和健康所必需的食物量。食物价格是影响低收入群体食品获取权的重要因素，但并不是唯一因素。

　　除了价格因素以外，市场的发育程度也会影响到低收入群体的食物获取权。距离市场较远以及市场发育不成熟都会增加人们获取充足且多样性食物的成本（森，2001）。一般来说，离市场越近，就意味着购买到食物的可能性就越大；市场规模越大，其购买到多种食物的可能性就越大。因此，即使在粮食供应充足的情况下，能否通过市场获得粮食和其他食品的供应是影响人们食物安全保障的重要因素（朱晶，2003）。我国农村当前的食品供给市场大多仍然沿袭着传统的"集市"模式，各地的市场条件参差不齐，甚至在一些偏远地区仍然缺乏便利的食品购买渠道，农村的食品供应无论从规模还是食品安全角度都存在很多问题，对农村居民食物安全保障产生了重要影响。

　　近年来，世界粮食价格一直处于高位波动的状态。从 2000 年 1 月到

2008 年 6 月，世界银行粮食价格指数上涨了 184%。2011 年国际粮价继 2008 年的粮食危机之后，再一次飙升。世界银行农业价格指数也表明，自 2010 年 6 月起，这种上涨趋势已经波及糖类、食用油、动物产品以及棉花等其他农产品。粮农组织也指出，国际粮价的持续性波动在未来较长一段时间可能都会存在。

受国际环境和国内经济的影响，我国的食品价格也一直处于不断上涨的趋势。2000—2010 年，全国居民食品价格指数上涨了 165%。其中，粮食上涨 176.7%，肉禽类上涨 183.9%，蔬菜类上涨 211%。[①] 高粮价的波动给发展中国家，尤其是贫困人口带来了严重的挑战。在很多发展中国家，基础粮食产品开支占到了其居民收入的 50%~80%。据统计，2007—2008 年的国际粮价上涨使得 1.05 亿人口处于贫困线以下，而 2010—2011 年的粮价上涨又使 4860 万人口陷入贫困（Word Bank，2012）。

虽然我国经过多年努力，已经使绝对贫困问题不再突出，但是我们必须看到，尚有大量人群仍然容易陷入贫困风险中。世界银行（2009）指出，在给定年份，我国容易陷入贫困风险的脆弱人群数量比贫困数量要高一倍。国务院扶贫办的相关报告也指出，虽然目前我国国家层面的粮食供给充足，但并不能保证每个家庭和个人都有能力得到维持生存和健康所必需的食物量。国家在 2014 年的"中央一号"文件中已将国家粮食安全问题作为首要问题提出。在 592 个扶贫重点县中，有 332 个县不同程度地缺粮，涉及人口近 1.3 亿。在国务院扶贫办重点调查的 100 个贫困村中，36.4% 的农户有不同程度的缺粮问题。从粮食构成来看，中国贫困地区农村居民的谷物和细粮消费量明显低于全国平均水平，薯类消费量则高于全国平均水平；从营养构成来看，扶贫重点县农村居民的热量和蛋白质摄入量仅处于基本满足人体生理需求的阶段，自 2002 年以来，热量、蛋白质和脂肪的摄入量都在减少。[②]

---

① 数据来源：《中国统计年鉴》（2011）。

② 国务院扶贫办：《中国农村扶贫开发纲要（2001—2010）中期评估政策报告》，2006 年 10 月，转引自公茂刚等（2010）。

虽然贫困常常以收入（或消费）为标准来衡量，但测度贫困时收入标准还应被换算为更能体现福利被剥夺状态的营养指标。相对于收入来说，营养是更能直接测度贫困的指标（张车伟，2002）。高粮价及其波动会对贫困人口获取食物的数量和质量带来显著的影响，进而影响其热量和营养的摄入，而营养不良会影响贫困人口的人力资本积累，进而可能抑制其生产效率的提高。据估算，营养不良对个人造成的生产率损失估计超过终生收入的10%，因为营养不良造成的国内生产总值（GDP）损失高达2% ~ 3%（Word Bank，2006）。营养不良还会影响贫困家庭儿童的受教育机会，增加其未来因疾病带来的医疗费用。世界银行行长金庸也曾呼吁，高粮价可能会给"成千上万青年人的身心健康造成伴随一生的灾难性影响及对未来的发展造成深远的影响"①。基于此，我们选择从营养脆弱性角度来考察中国农村家庭的食物安全。所谓营养脆弱性，一般是指缺乏正常生活需要的食品营养摄入的概率（National Research Council，1986），或者是忍受营养相关的患病率或死亡率（Davis，1996）。

在我国现行的食物价格调控政策中，更多关注的是食物价格上涨对城镇居民生活的影响，往往倾向于通过控制价格来保护城镇消费者的利益。这虽然有利于提高城市低收入群体的消费福利，但是不可忽视的是，随着农产品市场化水平的提高，农民的生产和消费对市场的依赖度也日益增强。超过半数的农村居民即使从事农业劳动，也会购买很多基本食物（Holmes et al.，2008）。2009 年，拥有土地规模在 10 亩以上的农户，粮食商品率都超过了70%。其中，拥有规模在 30 亩以上的农户的粮食商品率达到90.3%（朱玲，2010）。中国社科院 2012 年的国情调研也发现，在部分粮食产量大省，很多农户都开始减少甚至没有粮食储备，他们大都选择将当年的粮食全部售出。货币性食物支出逐步成为农村居民食物消费的主要方式（马骥，2006）。因此，越来越有必要关注食物价格变化、特别是

---

① 资料来源：《世界银行：粮价上涨令人忧，随时协助各国应对》，详见 http://finance.sina. com. cn/world/20120730/233912710638. shtml。

粮价上涨对农户，尤其是对低收入农户的福利影响。

当然，食物价格的波动在一定程度上也会影响农户的收入水平，进而影响其消费行为。但是已有的研究也表明，农户的收入增加并不一定会提高其营养水平，他们有可能以更贵的食物代替便宜的食物，而不是消费更多更营养的食物（张车伟，2002）。这也就意味着，食物价格波动对农户营养福利的收入效应和消费效应的最终作用结果是不确定的，甚至可能是负面的。因此，我们必须对食物价格波动对农村居民，尤其是脆弱性群体的影响予以充分的关注。

目前，无论是食物价格调控政策还是食品消费市场的建设与整治方面，我国各地政府都存在明显的"城市倾向"，政策出发点是因为城镇居民在食物消费方面是纯消费者。但如前所述，农村居民的食物消费也日益受到市场的影响，因此，对农村家庭营养脆弱性这一主题进行研究，可以发现农村脆弱性群体在食物价格以及其他市场条件变化的情况下的福利变动，有助于制定更为公平、更有针对性的调控政策，为提高脆弱性群体的福利、预防未来贫困的政策选择提供理论支持和现实证据。这也正是本书研究的最终目的和意义所在。

1.1.2 主要研究问题

本书主要研究的问题有以下两个方面：一是选用合理的营养脆弱性测度方法，对中国农村家庭的食物安全问题进行测度；二是分析食物价格波动、农村市场的完善程度等因素对营养脆弱家庭营养摄入和营养分配的影响。

1.2 理论依据

（1）对农村家庭营养脆弱性的研究很有现实意义。已有大量研究表明，营养健康与营养摄入密切相关，而营养健康对家庭成员未来的人力资本积累有重要影响。对于农村家庭来说，营养脆弱性使得农村家庭面临营养健康风险和未来的发展风险，必须予以充分的重视。

（2）食物价格波动对农村家庭营养脆弱性的作用机理不同于城镇居民。食物价格波动对农村脆弱家庭营养脆弱性会产生何种影响，尚无明确的定论。从消费者行为理论来说，食物价格上涨会改变其食物消费结构，而食物消费结构的改变势必会增加他们营养脆弱性的风险；而农村家庭则既是部分农产品的生产者，也是部分农产品的消费者，根据价格理论，出售农产品价格的上涨会增加其收入，有助于改善其食物消费结构，但外购食物消费成本的上升，则会对其食物消费结构产生不利影响。因此，食物价格波动对农村家庭营养脆弱性的最终影响不如城镇脆弱家庭那么易于确认。

（3）由于在收入和消费中所处的位置不同，不同食物对农村家庭营养脆弱性所产生的影响也有不同。其理论依据在于：不同农产品在家庭收入或消费中的比重不同，对确保基本营养摄入的重要性也不同，因而具有不同的收入或消费价格弹性。因此，不同类型食物的同等幅度的价格波动对农村脆弱家庭消费结构和营养摄入的影响会有不同，从而对其营养脆弱性的影响不同。

（4）基于上述认识，政府的农产品价格干预政策应更具有公平性和效率性。从理论上来说，任何公共政策的实施都可能会对不同群体产生不同影响。简单地对食物价格上涨予以打压的政策可能有助于缓解城镇脆弱家庭的营养脆弱风险，但由于降低了农产品生产者收入，却可能加大农村脆弱家庭的营养脆弱风险。因此，食物价格干预政策不仅要考虑到政策对城乡家庭可能产生的不同影响，也要考虑对不同食物采取更有针对性的干预政策，以确保政策对不同群体的公平性，避免政策对市场的无效干预。

1.3　概念界定与数据说明

1.3.1　概念界定

所谓脆弱性是事前对一些福利水平在未来经历损失的概率的解释。一个家庭由于不确定事件引起的未来福利损失可以被定义为脆弱性。也就是说，脆弱性作为衡量落入贫困风险的指标，可以被看作是评估未来无法达到某一福利水平的概率。本书所采用的营养脆弱性的概念来自 Christiaensen（2000），即当前家庭在未来陷入营养不良的概率。具体概率的测度方法将在第四章中有详细介绍和分析。

本书所涉及的食物价格主要是指与农村家庭日常食物消费密切相关的食物价格。CHNS 的社区调查中共涉及谷类、食用油、糖及主要调味品、蔬菜、水果、肉禽类、鲜奶及奶制品、鱼和豆腐等 9 大类共 39 种食物的价格，且分别包括大商场的零售价格和自由市场的价格。鉴于农村的消费行为大都集中在自由市场中，所以本书选择以自由市场价格作为农村市场价格的代表。具体的食物价格处理方法在本章后面有详细介绍。

本书对农村居民营养水平的衡量主要通过家庭每标准人日的能量、蛋白质摄入量来实现。具体折算过程将在后面进行介绍。

1.3.2 数据来源及相关处理说明

本书主要使用的是中国健康与营养调查（China Healtll and Nutrition Survey，CHNS）数据，该数据库是一个免费的大型数据库。这项调查选取了在地理位置、经济发展、社会资源、健康情况等方面差异大的九个省份，分别在 1989 年、1991 年、1993 年、1997 年、2000 年、2004 年、2006 年、2009 年实施了调查。样本覆盖了辽宁、黑龙江、江苏、山东、河南、湖北、湖南、贵州和广西的某些农村和城市，这九个省份分布在中国的东部、中部、西部地区，经济和社会发展水平具有较强的代表性。调查采用整群、多阶段随机抽样的方法，对这九个省份的农村和城市分别抽取样本，每年大约抽取 4400 个左右的家庭，15000 余人，内容涵盖了家庭收入的详细信息、家庭成员情况、个人收入、个人人口学基本情况（包括年龄、性别、教育背景、婚姻状况、工作等信息）、食品消费、医疗卫生、营养摄入情况等信息。最为重要的是，在 CHNS 中，还搜集了各地关于物价水平方面的详细信息，并且用搜集到的价格信息将农户的收入水平进行了平减，这个指数比统计局公布的各省的物价指数能够更准确地反映出不同地区间的物价水平和通货膨胀的差异。

（1）营养摄入的衡量与测定。

本书使用的是中国健康与营养调查项目（CHNS）2004 年、2006 年和2009 年在家庭膳食调查方面的数据，该项目的家庭膳食调查采用的是家庭膳食称重法。据该项目的中方负责人介绍：

家庭膳食称重采用连续三天调查方式，从周一到周日随机抽选三天。采用校正过的杆秤，最大允许量为 15 公斤，最小感量为 0.02 公斤。从第一天起记录全家食物盘存情况包括储存在冰箱内的各类食物并做好记录。在三天中每天购进的食物和家庭自产的食物也要记录下来。也要将每天浪费的食物（如坏掉的、喂家禽家畜的），按估计量做好记录。在调查结束时，要将所有剩余的食物再称一遍，记入表内。同时记录好家庭用餐成员（包括客人）的性别、年龄、劳动强度、职业。

虽然不能由此数据得知家庭成员的食物消费状况，但是可以由它粗略地估算出家庭人均的食物消费量，并由此分析家庭的食物消费特征。本书就利用此数据分析农村家庭在食物消费及营养摄入方面的差异。

本书主要根据《中国食物成分表（2004）》提供的食物代码和食物营养成分组成，将食物类别分为米及其制品、面及其制品、其他谷类、薯类及其制品、豆类及其制品、蔬菜类及其制品、水果类及其制品、猪肉、其他畜肉、禽肉、乳类及其制品、蛋类及其制品，鱼虾蟹贝类、含酒精饮料、糖类、动物油脂、植物油脂、其他类（包括调味品等），然后根据其具体的消费量折算为营养摄入量。

（2）标准人日。

为了使不同特征的家庭营养水平具有可比性，本书参照张印午（2013）提供的折算方法，根据不同年龄、性别和体力活动水平将其折算成标准人日数，计算家庭的每标准人日数的营养摄入量。在具体考察过程中，为了减少异常值的影响，本书舍去了大于 5 个标准差以外的样本。

中国健康与营养调查项目在 1993 年的调查手册中对人日数的含义做了

如下说明①：

一个人24小时就是一个人日。如果一个人每天仅吃两顿饭或由于特殊环境吃三顿饭以上（比如重体力劳动者等），在这两种情况下都是算一个人日。在计算一个人（与家庭食物消费有关）的人日数时，先将这个人调查日内在家用餐的次数按用餐时间（比如早餐、午餐、晚餐）分别加总，再将加总数按一定的权重求和，比如早餐是20%、午餐和晚餐各是40%。如果一个人一天只吃两顿饭，那么每顿饭的权重是50%，并且两顿饭构成一个人日。一般情况下，权重是根据用餐时的主食计算，举个例子，如果一个人早餐吃2两面包和1两大米粥，午餐和晚餐各吃4两米饭，那么这个人一天的主食就是11两。不同用餐时间的权重就是，早餐：$3 \div 11 \times 100\% = 27\%$，午餐：$4 \div 11 \times 100\% = 36\%$，晚餐也是36%。如果有人早餐只吃鸡蛋、喝牛奶而不吃主食，并且其他用餐时间也只是吃很少的主食，那么在这种情况下就要进行综合判断。另外，学龄前儿童都是按每餐33.3%的权重计算。

中国健康与营养调查的数据文件直接给出了调查日内在家庭用餐的所有人的人日数，并记录了这些人的年龄、性别和体力活动水平。在计算家庭人均食物消费及营养摄入时，不能将这些人的人日数直接加总来求平均，因为这些人的特征不同，他/她们对食物的消费及营养的需求有很大的差异。这时就需要将所有的人折算成标准人。标准人是指一个18周岁从事轻体力活动的男性，他每日的营养参考摄入量是能量2400千卡、蛋白质75克、脂肪67克②。在计算家庭人均营养摄入时，这个人群所对应的能量、蛋白质及脂肪的标准人系数都为1，其他人群所对应的标准人系数是通过将该人群所对应的每日参考摄入量除以一个标准人每日的参考摄入量获得。每一特定人群的能量、蛋白质及脂肪的标准人系数见表1－1。另外，在计算家庭人均食物消费量时，各特定人群的标准人系数与计算能量

① 引自中国健康与营养调查1993年手册第41、42页相关内容。

② 中国营养学会在2000年制定的居民膳食与营养参考摄入量中直接给出了能量和蛋白质的RNI参考摄入量，而脂肪的AI参考值给出的是脂肪供能比的范围，其中一个标准人日脂肪供能比的参考范围是20%～30%，在本书的研究中取中间值25%，并将它乘以相应的能量摄入参考值2400千卡，再除以9，便得到一个标准人日的脂肪参考摄入量67克。

摄入时的标准人系数相同。

表 1-1　　　　　　　　　　　　不同人群的标准人系数

		能量		蛋白质		脂肪	
		男性	女性	男性	女性	男性	女性
1 岁以内[a]		0.46	0.44	0.47	0.47	0.69	0.66
1 岁		0.46	0.44	0.47	0.47	0.69	0.66
2 岁		0.50	0.48	0.53	0.53	0.65	0.62
3 岁		0.56	0.54	0.60	0.60	0.73	0.70
4 岁		0.60	0.58	0.67	0.67	0.79	0.76
5 岁		0.67	0.63	0.73	0.73	0.87	0.81
6 岁		0.71	0.67	0.73	0.73	0.92	0.87
7 岁		0.75	0.71	0.80	0.80	0.83	0.78
8 岁		0.79	0.75	0.87	0.87	0.87	0.83
9 岁		0.83	0.79	0.87	0.87	0.92	0.87
10 岁		0.88	0.83	0.93	0.87	0.96	0.92
11～13 岁		1.00	0.92	1.00	1.00	1.10	1.01
14～17 岁		1.21	1.00	1.13	1.07	1.33	1.10
18～49 岁[b]	轻	1.00	0.88	1.00	0.87	1.00	0.88
	中	1.13	0.96	1.07	0.93	1.13	0.96
	重	1.33	1.13	1.20	1.07	1.33	1.13
50～59 岁	轻	0.96	0.79	1.00	0.87	0.96	0.79
	中	1.08	0.83	1.00	0.87	1.08	0.83
	重	1.29	0.92	1.00	0.87	1.29	0.92
60～69 岁[c]	轻	0.79	0.75	1.00	0.87	0.79	0.75
	中	0.92	0.83	1.00	0.87	0.92	0.83
	重	0.92	0.83	1.00	0.87	0.92	0.83
70～79 岁[c]	轻	0.79	0.71	1.00	0.87	0.79	0.71
	中	0.88	0.79	1.00	0.87	0.88	0.79
	重	0.88	0.79	1.00	0.87	0.88	0.79
80 岁及以上		0.79	0.71	1.00	0.87	0.79	0.71

资料来源：根据中国营养学会 2000 年制定的中国居民膳食营养参考摄入量中的相关数据计算，轻、中、重指体力活动的水平。

注：a. 由于 1 岁以内儿童的能量摄入参考值与体重有关，此处就没有引用，它们的标准人系数与 1 岁的相同。

b. 本书没有将此年龄段的孕妇和哺乳期妇女划分出来。

c. 2002 年中国食物成分表附录 2 中的这两个年龄段只划分了轻和中（体力活动水平），为计算方便，将这两个年龄段中的重体力活动水平者的标准人系数等于中体力活动水平者。

（3）食物价格的加权处理说明。

相比已知的其他文献，本书采取的价格属于社区的客观价格，这更能代表当地的市场价格情况。下面以 2006 年的社区价格数据为例，说明具体的处理过程：

①大米价格。

《中国食物营养成分表（2004）》中列出的大米主要包括普通大米和好大米，其中好大米包括特等粳米、优标籼米、特等早籼、特等晚籼、籼稻谷、黑米、香大米、优糯米、血糯米、高蛋白豆米粉等，我们将同一社区中的好大米的食物代码及其消费量全部挑出，计算好大米的消费量，同时计算所有米类的消费总量，以此来计算好大米和普通大米的价格权重。从粗略的描述性统计来看，普通大米的百分比的均值为 97%，因此，我们在实际应用时，直接用普通大米的价格作为大米的社区价格。

②面食价格。

在整理数据中发现，绝大多数家庭在消费面食时是以面条和馒头为主，并且在记录实际消费时很少会区分富强粉和标准粉，样本中涉及面食消费的共有 5640 条食物记录（其中农村为 3547 个样本），其中涉及富强粉和富强面条和挂面、富强粉馒头的仅有 228 个（农村的样本为 106 个），而且通过百分比的测算发现，在这些样本中的富强粉的消费量比例均值也仅为 20% 左右，因此，我们可以在计算价格时忽略富强粉，仅以标准面粉和标准面条的价格为面的价格。现在要做的是，将面粉的价格和面条的价格进行整合。我们的处理是，将馒头、花卷、烙饼、烧饼、油饼、油条等除了面条以外的面食消费量作为小麦粉的消费总量①；将各种挂面和各种面条作为面条的消费量；然后将两者加总，分别求出面粉和面条的消费量比例，以此作为求两者加权价格的权重系数。

---

① 因《中国食物成分表（2004）》中并未提供各类面食所用的面粉比例，且各类面食以面粉为最主要原料，因此我们并没有将各种面食的重量折合成面粉重量。

③其他谷类。

谷类中本应该计算玉米、小米和高粱等其他谷类的消费量及所占比重，从样本数来看，从鲜玉米到玉米面、玉米糁，所有的玉米类的食物支出只有 785 个，其中农村有 504 个样本，均值为 456 克，其样本量和消费量相对大米和面食而言较小，因此，在进行谷类价格衡量的时候，暂时先不考虑这部分消费，这部分食物的价格数据也不需要进行权重调整。

④油类价格。

油类数据涉及菜籽油（796）、茶油（26）、大麻油（7）、豆油（1093）、红花油（1）、胡麻油（5）、花生油（1198）、混合油（49）、葵花籽油（24）、色拉油（567）、香油（329）、棉籽油（34）、精炼油（837）以及辣椒油和橄榄油、玉米油等样本量均不足 10 个的小油种等多种油类食物编码[①]。其中，社区价格中包括菜籽油、茶油、豆油、花生油、棉籽油、精炼油（猪油）等的价格，仅从总样本数来看，菜籽油、豆油、花生油、色拉油、精炼油是主要的油品，香油虽然样本数并不少，但是通过生活常识来看，它仅作为调味品存在，其用量相对较小。因此，在具体的处理中，我们将不考虑茶油、大麻油、胡麻油等小油种。从社区的价格数据可得性来看，除了色拉油没有价格之外，其他油种的价格都有。根据现有的市场价格来看，色拉油的价格与豆油的价格比较接近，因此，在实际处理中，我们可以近似地将豆油和色拉油的消费数量进行加总，与豆油价格相匹配。花生油、菜籽油分别计算其消费量并计算其占总消费量的百分比。对于精炼油而言，经数据统计我们发现精炼油中主要是猪油占90%以上，因此，本书将不细分动物油脂中的牛油、羊油和猪油，而统一相加，并且与社区中的精炼油价格进行匹配。

关于油类消费，有两种处理办法，一是求总的油类消费数，然后根据不同油类的消费百分比作为权重，加权价格；二是分别计算植物性油脂和动物性油脂，分别计算各自的价格。本书在后面的处理中求出菜籽油、豆

---

① 括号中为各自的样本数。

油、花生油、精炼油占消费总量的比重，以此作为计算油类价格的权重。

⑤蛋类价格。

从已有的数据来看，蛋类的价格和消费量加总较为简单，社区价格中只涉及了鸡蛋的价格，而从实际生活经验来看，鸡蛋是所有蛋类中消费量最大的蛋类，因此，本书在计算鸡蛋的消费量时包括了鸡蛋（平均）、白皮鸡蛋、红皮鸡蛋、土鸡蛋等，将其加总即为鸡蛋的总消费量，使其与社区价格进行匹配即可。前面已经对所有蛋类进行了总消费量计算，严格来讲，我们需要将鸡蛋的总消费量与所有蛋类的总消费量进行对比，如果占绝对多数，那么这么处理才是合理的。结果表明，鸡蛋占所有蛋类的消费百分比均值为93%以上，因此，可以只用鸡蛋的消费量和价格来代表家庭的蛋类消费。

⑥蔬菜价格。

蔬菜的特殊之处在于，其涉及食物种类非常多，包括藻类在内，在食物成分表中共有291种，而社区价格只涉及油菜和白菜及另一种常见蔬菜的价格，但目前的数据中缺乏对该常见蔬菜的编码记录，因此在实际处理中，只有白菜和油菜的价格。那么在处理消费数据时，本书只能将白菜和油菜及其细分种类的消费量进行加总，并按照之前的处理方法进行价格加权，得到蔬菜的价格。在这里需要看一下白菜和油菜的消费总量占所有蔬菜类消费总量的比例。从蔬菜的统计结果来看，这两种蔬菜在所有的蔬菜消费中，均值在30%左右，这在近300种蔬菜中，其比重相对是比较高的，因此，有一定的代表性。

⑦水果价格。

水果与蔬菜类似，其涉及品种达160余种，但是社区价格中只给出了苹果和柑橘两种水果，因此处理思路同蔬菜，先要判断苹果和柑橘在所有水果消费中的代表性，然后再分别加总各种苹果和各种柑橘的消费总量，求出两者的比例，然后将其作为两者价格进行加权的权重。从统计数据来看，这两种水果占所有水果消费的比例均值为56%，有较好的代表性。

⑧肉类价格。

肉类主要包括猪肉、瘦肉、牛肉、羊肉、鸡肉等，此处本书只考虑一般意义上的猪牛羊鸡肉，特殊加工或特殊部位的肉类消费因为占比比较小，因此不做考虑。社区中这几种肉类的价格都包括在内，因此，只需要各自加总其消费量，然后求出这几种肉类的消费比重，即可作为其价格的权重。经查，这几类肉的消费总量占社区肉类消费的53%以上，因此，有较好的代表性。

⑨奶类和鱼类价格。

经过对样本的梳理发现，奶类食品共有38种食品，但有消费记录的为581个，且大都为城市人口消费，以普通牛奶居多，共有305个样本，其中仅133个为农村样本。同时，本书发现豆腐为主的豆制品消费在样本的消费中占的比例较多，因此，从蛋白质来源方面，本书认为牛奶并不是农村的主要蛋白质来源，因此在实证分析中暂时不考虑这部分数据。

经过对样本的梳理发现，鱼类食品共有137种食品，但社区所提及的鲤鱼、带鱼和胖头鱼有消费记录的共为300个，且大都为城市人口消费，其中仅114个为农村样本。因此，同奶类的处理方法一样，我们在计算中暂时不考虑这部分数据。

⑩豆类制品价格。

在食物成分表中，豆腐和豆腐干都有很多种类型，我们将豆腐类和豆腐干类的消费量加总，然后求出两者分别占的消费比，以此作为加总社区价格中豆腐干和豆腐价格的权重。经检验，豆腐和豆腐干制品消费量在所有豆制品消费量中占比达到69.4%，因此具有一定的代表性。

（4）其他主要控制变量的处理说明。

①关于收入来源的数据处理。

根据 Hetel（2004）和 Mornika Verma（2009）的文章思想[1]，我们对

---

[1] Mornika Verma（2009）从不同收入来源角度对家庭进行分类，以此考察食物价格变动对其的冲击，其中包括农业自我雇佣型（agricultural self - employment）；非农业自我雇佣型（nonagricultural self - employment）；农村工资劳动者（rural wage labor）；城市工资收入者（urban wage labor）；转移支付收入家庭（transfer payments）。

所涉及样本的收入来源进行了区分。主要收入来源分为 5 大类，其中包括农业收入、小手工或小商业者、工资收入家庭、转移支付家庭（即以私人转移和退休金为主的家庭）、其他收入来源（租金等）。其中，农业收入中包括以农作物收入、养殖收入以及渔业收入等。首先，本书将家庭净收入的异常值进行了处理，删除家庭净收入为负及超出 5 倍标准差的样本，在4000 余个样本中，这类异常值仅占 34 个，因此，并不影响本书的整体分析。本书将不同来源的净收入除以家庭收入总和，以求得其各种收入来源所占的比例。由于很多农村家庭都存在兼业情况，因此他们的收入来源并不存在某一种收入来源占绝对多数（即 50%）以上，因此，在对家庭进行收入来源分组时，是按照这 5 种收入中最高的比例进行划分。比如，如果该农户的农业收入占总收入的比重比其他各种收入来源都多，那么就认为该农户为以农业收入为主的家庭。

在具体分析中涉及收入来源比例的数据，就以前面所提到的每一类的净收入占总收入的比例来表示。其中非农收入比例是指将农业收入扣除之后，剩下所有收入的占比。

②关于自给自足率的整理。

农户在从事农业生产过程中，种植业、渔业以及经济作物等生产活动中所生产的农产品部分用于自家消费，而不出售。CHNS 在调查过程中对此类消费进行了统计。农作物方面的问题是"一般你们会消费这些自己生产的农作物，请估算一下，如果把自己消费的农作物拿出来卖，可以卖多少钱？"[①] 这部分即作为农作物方面用于自给自足的部分。此外，问卷中还涉及家庭养殖和家庭渔业的自给自足情况，其中问题涉及"是否留了一部分自己吃？吃的值多少钱？"。需要特别指出的是，农村家庭不仅将部分农作物用于自身食物消费，还有一部分用于家庭畜牧产品的养殖饲料，因此在自给自足部分的测算中，本书也将"使用自家生产的动物饲料估计可节

---

① 农作物包括粮食、烟草及花卉种植，收入包括交公粮和自由市场销售的总收入以及未卖部分的价值。

约多少钱?"这一问题纳入其中。但在具体的处理过程中,由于蔬菜水果的自给消费数据缺失,养鱼业占的比例非常小,因此在计算家庭自给自足率的时候,只算种植业的消费数量和肉类的消费数量。本书将农户用于自身消费的这些农产品的总价值相加,并除以其农产品的年度总收入,即得到其自给自足的比率。

此外,本书在后续的实证分析中还涉及了家庭特征、市场条件等其他控制变量,由于数据处理相对简单,在此将不再一一赘述,在以后的实证分析中会给予必要说明。

1.4 研究目标、方法和主要内容

1.4.1 研究目标

近年来我国农产品价格上涨较快,对居民生活消费产生了重要影响,因我国仍存在大量的脆弱性群体,他们对价格冲击的承受能力较弱,且所面临的大都是不完善的食品消费市场,因此其食物消费的质量和多样化都受到了限制。本书正是基于此背景,希望能够从营养脆弱性的视角对中国农村家庭居民食物消费安全的影响进行理论分析和实证研究,试图构建较为合适的分析方法和理论框架。本书试图达到以下两个目标:第一,本书是对福利经济学和发展经济学的相关理论的借鉴和发展,梳理价格对脆弱性的影响机理,预期在价格波动对居民营养脆弱性影响的研究做出一定的学术贡献;第二,本书将通过对实际数据的实证分析,考察食物价格的相关政策以及食物消费市场条件的完善对农村居民营养脆弱性的影响,将脆弱性视角引入食物价格调控政策和农村食品市场完善措施的制定中,为政策制定者制定更完善、更有针对性的调控政策提供决策参考,也为提高农村脆弱性群体的福利,预防未来贫困的政策选择提供现实证据。

1.4.2 研究方法

居民脆弱性的测度是多维度的，其中包括收入脆弱性、营养脆弱性和环境脆弱性等多方面。本书主要以城乡家庭营养脆弱性为分析对象。本书主要运用福利经济学和发展经济学的相关理论和分析方法，探讨农产品价格对城乡居民营养脆弱性的影响。本书涉及的科学领域主要包括：福利经济学、健康经济学、发展经济学和消费者行为理论。实证研究中所运用的具体理论工具是脆弱性理论和价格理论，具体理论框架和分析方法将在后面的章节中进行详细介绍。

1.4.3 研究的主要内容

本书的研究内容主要包括以下几个方面：

（1）梳理食物价格波动和市场条件对农村居民营养脆弱性的作用机理。

所谓营养脆弱性，一般是指缺乏正常生活需要的食品营养摄入的概率或者是忍受营养相关的患病率或死亡率。本书中主要通过家庭的每标准人日的摄入热量的卡路里数来作为营养的测度标准。因此，本书主要研究那些对人们营养摄入密切相关的食物价格，主要包括谷类、肉、蛋、奶、蔬菜水果、食用油、糖等几大类。对于农村居民而言，食物价格上涨对其营养脆弱性的影响主要通过两个方面产生影响，一方面其出售农产品的价格上涨会增加其收入，改善其食物消费结构，而另一方面其所购买食物的价格上涨也会造成其食物消费成本的上升，对食物消费结构产生不利影响，这两方面最终都会影响其营养摄入量的变化。如果食物价格上涨使得农民的营养水平改善，则证明其收入带来的正效应大于食物消费成本增加导致的负效应，反之亦然。具体如图 1-1 所示。

在市场条件方面，主要通过考察农村居民所在地的食品消费市场的具体情况，如是否有自由市场和超市，居住地与自由市场和超市的距离、自由市场和超市的规模、农村居民食物消费方面对周边市场的依赖程度等。

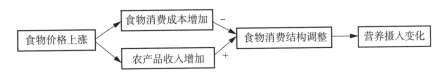

图 1-1　食物价格上涨对农村居民营养摄入的作用机理

通过考察这些方面，来分析市场的距离、规模以及设施的完善程度对农村居民食物消费行为的影响程度。一般而言，距离市场越近、市场规模越大、设施越完善，就越有利于农民购买到多样化和高质量的食物。同时，食品消费市场的完善也有利于农民将其所生产的农产品售出变现，增加其收入水平。

（2）基于食物消费角度测度农村居民的营养脆弱度。

食物价格波动首先影响城乡居民消费行为，进而对其营养摄入产生影响。因此，影响居民消费行为的因素也就是影响其营养摄入的因素，本书以此来考察食物价格对居民食物热量摄入量函数分布的影响，并在此基础上测度农村居民的营养脆弱性。通过计算营养脆弱性，来识别出农村营养脆弱群体及其特征。

（3）考察食物价格冲击及其他市场因素对农村家庭营养脆弱性的影响。

食物价格冲击对农村家庭营养脆弱性的影响主要通过三个方面考察：

一是在识别出农村营养脆弱的群体之后，本书将进一步考察影响居民营养脆弱程度的决定因素，其中通过计量分析，重点考察食物价格冲击对农村营养脆弱家庭营养摄入的影响。

二是通过家庭内部营养分配理论，考察食物价格冲击对于农村家庭内部食物和营养分配，尤其是对儿童、妇女和老人等脆弱性群体的营养分配的影响。

三是通过模型模拟食物价格波动对于不同类型农户的福利影响。食物价格，尤其是主要农产品的价格变化不仅影响了农户的食物消费决策，同时还会影响其收入水平。因此，本书会在最后对此问题展开进一步的探讨和分析。

市场条件对农村家庭营养脆弱性的影响主要从以下三个方面进行分析：一是比较不同的市场规模和市场距离下，农村居民家庭的食物消费和营养摄入差异性；二是在确定了营养脆弱的家庭之后，考察市场规模和市场的地理分布等因素对营养脆弱家庭食物消费行为的影响；三是考察在不同的市场发育条件下对农村居民家庭的收入水平的影响，进而分析不同类型的农户在市场条件的影响下，其福利的变化差异。

（4）营养脆弱性视角的食物价格干预政策优化探讨。

在前三部分研究内容的基础之上，我们将从营养脆弱性视角对食物价格干预政策以及农村食品消费市场改善等问题进行考察。其基本思想是，食物价格干预政策不仅要考虑到政策对农村家庭可能产生的不同影响，也要考虑不同食物对特殊的营养脆弱性群体的影响，以便在价格波动时，采取更有针对性的干预政策，以尽量确保政策对不同群体的公平性，并尽量避免政策对市场的无效干预。同时，在分析市场条件变化对于农户食物获取权的影响的基础上，从市场的分布和规模方面提出有依据的建议，以保证农民获得更好的营养摄入，提高其福利水平。

1.5 本书的主要内容及结构安排

本书共分八章。第一章即绪论部分，主要介绍了本书的研究背景意义、研究目标、研究方法及主要研究内容和基本框架安排，并且对相关概念进行了界定，详细介绍了数据处理方法；第二章主要是针对已有文献进行了分类评述，针对论文的主要框架，对食物价格、市场水平等因素对脆弱性从家庭层面及个人层面营养摄入的影响等方面的相关文献进行了系统回顾和梳理，并指出本研究可能的创新点；第三章主要是对目前中国农村家庭营养摄入趋势进行了宏观分析和总结；第四章将以 2006 年和 2009 年的微观数据，测度中国农村家庭的营养脆弱性，并对影响营养脆弱的相关因素进行分析；第五章将专门分析食物价格、市场条件、收入水平等对于营养脆弱家庭营养摄入的影响，以家庭层面的影响为主；第六章将关注市场条件、食物价格等因素对于营养脆弱家庭内部营养分配的影响，尤其是对妇女、儿童以及老人这些脆弱性群体的影响；第七章运用消费者剩余和生产者剩余等相关理论进一步分析了市场化对半自给状态的农户福利的影响；第八章为研究结论和政策建议，在此部分，对全文的主要结论进行概况，并基于结论给出一些政策建议。

第二章

市场化对居民营养脆弱的
影响机理：文献综述

2.1 营养脆弱性的概念及测度方法

2.1.1 营养脆弱性的定义

脆弱性与贫困的概念紧密联系但不完全相同。有些人并不贫困但脆弱，有些人不脆弱但贫困（Gaiha and Imai，2008）。脆弱性分析对于理解贫困非常重要，因为它能够区分穷困家庭的特点并制定满足他们特殊需求的发展政策，也可以计算出已经贫困的群体和那些处于将来贫困危险的群体（World Bank，2000）。

脆弱性不仅是贫困的一个重要维度而且是造成贫困和赤贫的原因。有证据表明脆弱性对人力资本的形成、营养和收入都有持久的影响。脆弱性是一个多维的概念，不同的角度有不同的定义。经济意义上对脆弱性的定义通常是将其看作是一种前瞻性福利损失（forwarding - looking welfare loss），它有可能是由于低消费预期引起的，也可能是由于意外的消费冲击带来的，抑或是两者共同造成的（Ligon，2003）。

Alwang（2000）认为家庭由于不确定事件引起的未来福利损失可以被定义为脆弱性，其程度取决于风险的特点和家庭应对风险的能力。Dercon（2001）发展了一个风险与脆弱性分析框架，将脆弱性分为政策诱导的脆弱性和市场诱导的脆弱性，后者可以通过家庭对物品和服务的消费量的变化来度量。脆弱性主要来自三方面的风险：资产风险、收入风险和福利风险。因此，脆弱性有两面，一是家庭或个人面对的外部风险、冲击和压力，二是这些家庭缺少应对风险的方法（Robert Chambers，1989）。

健康和营养学家将脆弱性定义为营养脆弱性，一般将其定义为缺乏正常生活需要的食品摄入的概率（National Research Council，1986）或者是忍受营养相关的患病率或死亡率（Davis，1996）。自 19 世纪 80 年代以来，脆弱性已经成为一个重要的有关粮食安全的概念，它经常被用于衡量个人、家庭、群体对粮食不安全的承受能力或者粮食需求不足的承受力。在粮食安全中，脆弱性的概念主要是由阿玛蒂亚·森在对饥荒的分析时提到的。

森（1981）认为饥荒不仅仅是食物供给缺乏的问题，而且可能是人们对获取食物的权利受到了限制。他试图分析和解释为什么有些人群会在市场有粮食供给的情况下无法获得食物。脆弱性分析就是确认那些无法获得足够食物的人群以及造成这一结果的各种因素（Stephen and Douning，2001）。在这一分析中，分析重点往往是个体和家庭，而不是整个人群。

在一些分析中，特定人群（老人、5 岁以下的儿童、失能者以及妇女为户主的家庭）由于自身社会经济条件所限，成为更脆弱的群体。世界银行（1986）从食物安全（food security）角度定义脆弱性，所谓的食物安全是指人们在任何时间都能够获得充足而经济的食物以满足丰富和健康生活的日常生活需要，而脆弱性是食物不安全的状态。甚至有的贫困国家整体都是脆弱的。脆弱性并不是简单的划分，有可能是长期的，也有可能是暂时的。人群或地区不能简单地划分为脆弱与否，他们可能是在某种情况下脆弱，脆弱性不仅仅是静态的，也是动态的。

USAID（United States Agency for International Development）（2005）组织区分了具有脆弱特点的人群（vulnerable demographic group）和脆弱人群（vulnerable people）。前者是指妇女，尤其是孕妇或者哺乳期妇女，年龄小的孩子以及老年人，这些人被认为是脆弱的，因为他们最有可能在家庭中获得的食物不足。相关数据表明，这些群体中的营养不良率也要高于其他社会群体。同样，残疾人以及慢性病患者，也是食物不足的脆弱性群体。也有一些研究指出，老年人或妇女是更为脆弱的群体，是因为他们不利的社会经济地位（Jaspars and Schoham，1999）。

食物价格对脆弱性的影响主要是市场诱导型的，其表现最直接的就是由于价格上涨引起的消费结构变化所造成的营养脆弱性，此外还有食物安全方面的脆弱性以及收入脆弱性，本书将要关注的主要是由于食物价格波动引起的消费结构变化对营养脆弱性的影响。

2.1.2　营养脆弱性的测度方法

发展经济学中目前对脆弱性的分析主要集中于两个方面，一种是基于预期效用理论；另一种是通过家庭层面的数据库对脆弱性进行衡量和估计，没有明确指定家庭的效用函数。

国内外很多学者都尝试通过不同的方法对一些发展中国家的脆弱性进行测度。从家庭层面微观数据方面，目前的文献中对脆弱性进行衡量，主要通过观察平均消费的下降，消费变动对收入变动的敏感程度，以及由于消费变动所引起的贫困人群占观察到的贫困人数的比例以及在未来可能会落入贫困线以下的可能性等方面来实现。

Christiaensen 和 Richard N. Boisvert（2000）指出食物脆弱性（food vulnerability）家庭不同于当前营养不良的家庭，食物脆弱性是指未来有可能成为营养不良的家庭，并通过马里 1997—1998 年的调查数据，测度了家庭的食物消费的脆弱性。Rajadel（2002）基于 Sharpiro – Wilk 的正态分布检验，采用了人均食品消费呈对数正态分布的假设，然后根据家庭的特征估计出食品消费事前的均值和标准差，进而在此基础上计算贫困脆弱性。

Jericho Burg Lecturer（2008）构建了慢性脆弱指数（Chronic vulnerability Index），通过一系列指标来衡量脆弱性。Mornika Verma（2009）则提出了营养贫困线（nutritional poverty line，NPL）的概念，即每日人均卡路里的摄入量，在其文献中规定为 2122 为营养贫困线。其文献只考察了在营养贫困线附近 1% 的人口，其确认营养贫困家庭的方法是从孟加拉国国家统计局 2003 年调查中得到 NPL 以下的人口大约占 44.3%，将家庭中权重加总后接近这一比例的挑出来，在每一边加入 5% 的权重，从而选出最靠近 NPL 的 1% 的家庭，以此作为营养脆弱的家庭。其文献计算 NPL 附近的家庭方法较为特殊，也较为简单粗略，不同于一般的脆弱性分析；而且对于人均热量摄入的测度没有精确到人，无法从年龄、性别和工作强度角度进行标准人日的比较，因此，无法比较家庭结构差异对营养摄入的影响。

Takashi Kurosaki（2010）设定了家庭的效用函数和其预期的消费流，并将造成脆弱性的来源进行了分析，将政策变动对其的影响进行了量化估计，并以此衡量了巴基斯坦农村的脆弱性。Jose Ramon G. Albert（2010）测度了脆弱性和家庭规模之间的关系，认为脆弱家庭里的平均家庭规模要比那些非脆弱家庭大。受到危机冲击时，规模较大的家庭成为贫困家庭的可能性越大。Jean – Yves Duclos 等（2006）通过一种新方法将贫困分为慢性贫困和暂时性贫困，同时纠正了短期数据估计脆弱性和暂时性贫困重要性的偏误，并利用大规模的面板数据对中国的暂时性贫困和脆弱性进行了分析。

Katsushi S. Imai（2009）则分析了税收对农村贫困和事前脆弱性家庭的影响。

此外，我国学者还通过设计农户生计资产量化研究法（李小云，2007）等对农户脆弱性进行了定量分析。万广华，章元（2009，2011）利用来自中国的农户调查数据检验不同的贫困脆弱性衡量方法预测结果的精确性及其决定因素。

Gaiha 和 Imai（2008）归纳了脆弱性测量的三种方法：预期的贫困脆弱性（VEP）、低期望效用脆弱性（VEU）和风险暴露脆弱性（VER），黄承伟、王小林（2010）对这三种方法进行了系统介绍，并建议在新的减贫战略中建立风险、脆弱性预警机制，将脆弱性纳入贫困监测和分析的范畴以及时准确地监测贫困的动态变化。

2.2　市场化对家庭食物消费的影响

2.2.1　市场化对家庭食物消费的影响

传统的消费理论指出，家庭消费主要受收入水平的约束，但同时也会受到家庭自身特征以及其他社会经济因素的影响，商品价格就是其中最为重要的影响因素。因为商品价格的波动会影响家庭相对收入的变化，进而对其消费量和消费组合产生影响。就食物消费而言，食物价格上涨，直接影响居民的食物消费，家庭可能会通过转变其消费模式，降低所消费食物的数量或质量，来抵消价格上涨带来的冲击，但这会影响家庭成员的营养摄入（World Bank，2012）。

我国农村地区是家庭食物不安全风险相对集中地区，主要表现在家庭粮食生产能力不足，收入水平较低，粮食价格波动等方面。农户对价格上涨和粮食减产的风险承受能力较低，而且粮食购买能力受粮食价格的影响较为显著（高峰，2011；公茂刚，2010；郭劲光，2009）。随着收入水平的提高以及城市化进程的加快，我国农村居民食品消费商品化趋势日益明显（Fred Gale，2006），农村食品市场的发育对农村居民消费结构也已产生了重要影响（黄季焜，1998）。因此近年来，关注我国农村居民消费行为，尤其是食品消费行为已经成为农业经济研究中的重点问题。

根据需求理论中的效用可分假设，价格对于家庭食物消费的影响可以通过两步预算决策进行分析：第一步是家庭将一部分收入用于食物支出，这部分决策受到家庭收入、家庭规模、食物价格和非食物价格以及当地市场化水平、家庭偏好等影响。其中偏好受家庭规模和年龄、性别结构和种族以及地区等影响，食物补贴政策也会影响人们的食物消费。第二步即为家庭将食物支出分布于不同的食物之中，影响这一决策的主要因素有：食物支出的总额，家庭规模、结构，相关食物的价格，是否参加政策补贴计划以及影响家庭生产的要素，如户主信息，教育水平以及时间成本等（Peter Basiotis and Mark Brown，1983）。

目前已有的文献在分析食物价格对于家庭食物消费时，很多都是基于价格与消费之间的弹性分析，以观察食物消费量与其自身价格波动以及相关价格变动之间的关系。比如 ELES（Expended Linear Expenditure System）线性模型、AIDS（Almost Ideal Demand System）模型以及非线性的 QUAIDS 模型等。鉴于国内外已有大量关于价格与消费弹性分析方法和实证类的文献。因此，本书在此仅仅是挂一漏万，只评述与中国居民，尤其是农村居民食物消费相关的文献。本书主要从以下几个方面对相关文献进行汇总和比较：一是分析方法；二是分析对象及数据来源；三是主要结论之间的异同。

（1）价格与家庭食物消费：分析方法的比较。

从分析方法来看，国内外学者所采用的方法主要集中于 ELES 和 AIDS 模型，尤其由于 AIDS 模型的灵活性和更强的解释力，因此更加受到国内外学者的偏爱。在 AIDS 模型方面，郭爱军（2008）利用 AIDS 模型分析了我国农村居民消费结构的动态变化；穆月英（2007）则利用 AIDS 模型分析了我国农村居民食物消费的南北区域差异；李小军（2005）则分析了粮食主产区农村居民的食物消费行为；周津春（2006）利用 AIDS 模型分析了农村居民的食物消费情况；董国新（2009）则利用修正的 AIDS 模型，通过面板数据分析了西部城镇居民食物消费情况；郭晗（2012）则利用 AIDS 模型分析了中国城乡居民的消费偏好差异。

此外，秦秀凤（2006）对 ELES 模型进行了再扩展，分析了中国农村居民粮食直接消费的影响因素。Shenggen Fan（1995）、屈小博和霍学喜（2007）均使用两阶段 LES – AIDS 模型估计了中国农村居民的完全需求系统；王志刚等（2012）则在国内外文献的基础之上，引入一个嵌入时间路径的 LA/AIDS 模型，分析农村食品消费结构的转变规律；喻闻等（2012）则运用 LA/AIDS 估计了中国农村居民的食物需求的价格弹性和支出弹性；吴蓓蓓等（2012）运用 QUAIDS 模型对不同收入家庭食品消费结构及其消费行为进行了分析；Steven T. Yen 和 Biing（1996）通过超对数需求模型，分析了中国家庭对肉类的消费情况。范金等（2011）则同时选取 6 种需求系统模型对中国农村居民的食物消费进行分析比较，结果证明 QUAIDS 的估计结果最优。

（2）价格与家庭食物消费：不同数据来源的比较。

从所使用的数据来源来看，国内外文献大多使用的是微观调查数据，但大都为部分省份的调查数据，当然也有部分文献使用的是宏观年鉴数据。由于使用数据的来源不同，因此在对食物需求量和食物价格方面的处理方法也不同。

在使用宏观数据的相关文献中，大都缺少直接相对应的价格和消费量数据，因此在处理方法上各有不同。例如，郭爱军（2008）采用的是《中国统计年鉴》1997—2006 年的农村居民的消费数据，其中，消费品价格的处理是以 1995 年为 100 进行的指数化处理；王志刚（2012）所涉及的农村居民消费的主要食品有以大米和小麦为主的粮食，以猪肉、鸡肉、牛羊肉为主的肉类以及禽蛋类和水产品。其消费量取自《中国统计年鉴》1978—2009 年。而历年价格数据则是根据历年价格分类指数和 2008 年农产品集贸市场价格递推计算而得的。在价格处理过程中，主要采用了价格指数原则、消费支出原则和总类平均原则。但其各类食品价格数据来源不同，部分来自国研网，而水产品数据则来自农业部网站。

董国新（2009）同样利用年鉴等宏观资料作为食物价格数据的来源。其文献以西部地区 1992—2005 年各省区市统计年鉴和国家统计局资料等搜集西部各省份城镇居民家庭平均每人面粉、大米、玉米、油脂类、奶类、水产品、蔬菜、水果、酒类和烟草等 12 类食品的消费量、食品消费支出等数据，其价格处理是从中国价格信息网收集的城镇 12 大类食品中各小类食品的价格，大类食品价格为其包含的细分食品价格按其支出金额加权计算所得，如肉类价格为猪肉、牛肉、羊肉和禽类的价格按各自支出金额加权获得。

范金（2011）则采用的是 2008 年各省份农村居民食物消费量，数据主要来自《中国农业年鉴》和《中国农村统计年鉴》，其中涉及 12 种商品，分别是谷物、豆类、蔬菜及制品、食用油、猪肉、牛肉、羊肉、家禽、蛋及其制品、奶及其制品、水产品、水果。而价格数据主要取自国研网数据库中的农产品农贸市场价格，对于缺失的奶制品价格主要通过《中国畜牧业年鉴》进行补充核对；此外，由于谷类等价格为小麦、大米等食品的细分价格，其文献则根据《中国农业年鉴》中的细分消费量进行加权求和，而缺少细分消费量的蔬菜、水果、食用油等食物价格则直接取各细分价格的平均值。

使用宏观数据的优点在于可以对全国总体的情况有更为宏观和整体的把握，可以分析农村居民食物消费的动态变化趋势。但是其局限性也不容忽视，即食物消费量与食物价格之间并不一一对应，而且由于年鉴数据统计的局限性，各类数据的来源和统计口径也不一致，甚至出现了食物价格与食物消费量的乘积最终大于当年农民的食物消费支出的情况（范金，2011）。

在这种情况下，就不得不进行进一步的数据调整，这难免会以损失分析的精确度为代价。而且当前年鉴中的食物消费量往往是均值，即人均食物消费量=食物消费总量/人口数，但是这样处理往往是以家庭成员对食物消费的影响是相同的前提下，而忽略了家庭成员的性别、年龄对消费量差异的影响（Deaton，1986），不利于对微观消费行为的分析。

正是由于宏观数据对于分析微观消费行为的局限，很多文献都采用了微观调查数据来调查农村居民的食物消费行为。Roberta Barnes 和 Robert Gilling Ham（1984）首次运用微观调查数据进行需求弹性分析，此前 Strauss（1982）是第一次运用家户数据进行分析，虽然只有 138 个家庭，但其文献既有横截面数据又包括暂时的价格波动。

同时，其文献使用价格指数来分析，考虑价格的时间上的变化和地区差异是重要的。而我国目前的微观研究数据也大都来自农村的住户调查数据。例如：秦秀凤（2006）和周津春（2006）均采用陕西省、山东省和江西省农村居民的食物消费状况的住户调查数据；穆月英（2007）以中国农村固定观察点数据，以浙江和河北两省作为南北方地区的代表省份分析了农村食物消费的地域特性；李小军等（2005）通过 2003 年《粮食主产区农民收入动态监测》课题的抽样调查数据的实证分析粮食主产区农民食物消费情况；屈小博等（2007）则使用陕西省农调队 2005 年的微观调查数据估计农户的总消费需求和 9 种食品项目的消费需求；喻闻等（2012）则采用的是全国农户调查数据。

采用微观数据进行需求分析，有以下几个优点：一是样本量一般都较大，有助于得到更为稳定的结果；二是可以将家庭食物消费量与消费支出进行匹配，可以更好地计算食物消费的价格弹性和支出弹性；三是微观调查可以提供更多与消费相关的社会经济变量，例如家庭规模、人口的性别、年龄构成、市场发育程度等，已有的研究已经证实这些因素对于分析农户的食物消费行为具有重要的影响（秦秀凤，2006；喻闻，2012）。但同时也需要注意的是，这些文献中的食物价格并不是实际价格，而是单位价格（unit value），即通过用食物支出除以其消费量得到。例如农村固定观察点数据往往统计的是以年计的数据，即每类食物每年的消费量和消费支出，因此在计算价格时，就需要用整年的消费支出除以消费量得到。这种通过单位价值而不是外生价格来计算需求往往会得到一些有偏的结果。因为单位价值反映了家庭对食物质量的选择。比如，在肉类中往往指人们在肉类食物中的选择，其中包括肉的类型、营养价值、外观、新鲜度和偏好等，对单位价值和收入的回归可能会产生偏误。这可能会造成对收入弹性的高估，而自价格弹性对于正常品而言是高估了，对于低档品而言，应该是低估了（Xiaohua Yu 和 David Abler，2009）。

　　要解决微观数据的这一局限性，主要有两种途径：一是将价格作为估计的因变量，自变量为家庭特征以及收入水平等相关因素，将价格拟合值作为价格变量放入弹性分析的模型之中，这就是 Cox 和 Wohlgenant（1986）所提出的基于质量调整的价格估计方法（quality – adjusted prices estimate）。这种方法在实证分析中得到了普遍的应用，例如 Zheng（2010，2011）通过此方法调整价格，并利用江苏省城镇居民的调查数据进行食物消费的价格弹性和收入弹性的分析。二是直接采用客观的价格数据，即外生价格来作为价格变量。外生价格可以通过统计年鉴中得到宏观的价格统计数据，例如 Xiaohua Yu 和 David Abler（2009）即是采用省级面板数据来考察中国农村居民食物消费中对食物质量的需求情况。此外，有些微观调查数据库中提供了以社区为单位的食物价格调查，例如 CHNS 数据库就提供了各个社区 39 种具有代表性的食物价格，这是比较理想的客观价格调查。贾男等（2011）的研究是目前国内使用客观食品价格数据的少数文献之一。其文献主要考察中国农村居民的"食品消费习惯"特征，文献对 CHNS 数据库中的社区价格数据进行了处理，其处理方法是从社区调查的数百种食物中选取了8大类共36种食品作为日常食品的代表，其价格均采用自由市场价格。并通过食物代码，将食物价格与食物消费量进行匹配，进而求出食物的实际消费金额。

（3）价格与家庭食物消费：结论差异的比较。

虽然不同的文献其数据来源、分析方法不尽相同，得到的价格和消费量之间的弹性分析的具体数值并不完全相同。但是就结论而言，却很多近似相同之处。已有的文献大都认为，中国农村居民的食物消费中，大米、小麦等主要粮食品种的价格弹性都较低，说明其受价格波动影响较小；而肉类、水产品等食物的价格弹性较高，对自身价格变动最为敏感，受价格波动影响较大（Shenggen Fan，1995；李小军等，2005；秦秀凤，2006；周津春，2006；屈小博等，2007；王志刚，2012）。此外，由于各个文献的研究目的不同，因此在分析农村居民的食物消费弹性的基础之上，他们还得到了一些不同的结论。例如：穆月英（2007）的分析表明，南北方两个省食品消费需求特点受当地的农产品生产结构的影响，河北省对大米和水产品的价格的反应较敏感，而浙江省对小麦和玉米的价格反应较敏感；周津春（2006）和喻闻等（2012）证明家庭规模、人口负担系数、市场便利程度等对食物消费影响显著。大部分食物组的自价格弹性接近1，表明食物消费需求对食物价格反应大；同时，也反映出在目前的价格条件下，各类食物组的需求比例基本相同；郭爱军（2008）和王志刚等（2012）则考察了农村居民食品消费结构的动态变化，认为农村居民食品消费结构变化是渐进式的，其中粮食一直是必需品，而肉类从奢侈品转变为必需品；Zheng（2010）文章运用中国江苏省的数据估计了收入分配的变化对食物需求的影响。结果表明，收入分配对个人食物需求有明显影响。不同收入水平的人群的食物需求弹性不同，收入变化对家庭支出弹性有影响。

X. M. Gao 等（1996）强调研究中国农村的消费问题涉及几个关键问题：农村居民食物消费的微观计量工具是什么？是否存在一个 Johnson

（1994）所提出的谷类的收入弹性为负，即在市场中是饱和的；房屋结构是否会影响食物消费。其文献使用两步估计法（two - stage budgeting allocation procedure）估计了农村居民对 9 种食物（蔬菜、猪肉、牛肉、禽肉、槟榔、鸡蛋、鱼、水果和谷类）和 5 种非食物商品（衣服、燃油、酒类、住房和耐用品）的需求支出弹性。结果表明，20 世纪 80 年代后期中国农村的食物消费增长比较缓慢，这主要是由于收入增长停滞造成的，而非食物消费已经达到了饱和。

同时也需要注意，在考察农村居民食物消费的问题中，虽然收入增长和食物价格变化是重要影响因素，但同时也需要考察其他社会经济变量对其的影响，比如城镇化、社会经济结构变化等。Peter Basiotis 和 Mark Brown（1983）通过实证分析表明，相对于收入水平和食物补贴计划而言，家庭其他的社会经济特征对于家庭的食物消费构成和营养摄入影响更大。不同收入水平和食物补贴计划的家庭在食物消费构成和营养摄入方面相对稳定和一致。黄季焜（1999）通过对台湾和大陆居民食物需求的实证分析表明，社会发展、城市化以及其他社会经济结构变动对于食物需求水平和结构的影响与价格和收入一样重要。如果不将这些因素考虑在内，则会过高估计收入增长对食物消费的影响。Kuo S. Huang 和 Bingwan Lin（2000）认为许多食物补贴政策都是关注低收入群体，为了评估政策效果，需要估计不同收入群体的收入弹性。其文献在估计食物质量效应时，发现食物质量在其中发挥着重要作用。不同收入类别的收入群体是不一样的，因此不同收入群体收入弹性的估计对于制定食物政策是十分有用的。Xiaohua Yu 和 David Abler（2009）也认为随着收入水平的提高，中国农村家庭倾向于消费更高质量的食物，而对于基本的主食如谷类的敏感程度更高。研究表明，如果不考虑农村家庭对食物质量的需求，则已有的谷类的收入弹性要高估30%，而其自价格弹性的绝对值高估45%。

2.2.2 市场化对家庭营养需求的影响

World Bank（1994）报告表明，微量元素摄取不足持续影响着上百万的人口，且给这些家庭及其所属的国家社会带来显著的社会经济负担。超过40%的妇女和70%的婴幼儿、大龄孕妇和学龄前儿童都遭受着缺铁性贫血。因此，发展中国家也日益重视民众的基本营养需求，出现了大量对食物价格与营养摄入之间关系的实证文章。

营养是一个多维的概念，有社会的、生物学、经济、环境等方面；营养有不同的衡量方法，其中一个角度就是从投入角度测度，即热量、微量元素、蛋白质等营养元素的摄入量等。虽然这种净能量的摄入对于生产效率影响很大，但是其支出不易衡量，因此大多关注于营养摄入量的测度。第一，通过购买食物的消费量转换而来，这种方法比较好搜集数据，但是存在一些不足，例如没有计算食物消费的浪费情况。一般而言，低收入家庭浪费较少，而收入高的家庭浪费较多，这样会高估高收入家庭的营养摄入量；第二，很难区分家庭中的就餐人员情况，有可能存在临时就餐人员，如工人、客人等；第三，很难测度在外就餐情况（John Strauss，1998）。另外一种测度方法则是从产出角度进行衡量，即通过人体测量学（anthropometric measures）进行测度营养的产出效果。如小孩子的身高已经被证实是其营养水平的重要表现，也被看作是营养水平的长期表现。而对于大人而言，身高基本不变，因而体重就成为衡量其营养水平更为合适的方法。下面我们将从多角度对相关文献进行评述。

（1）市场化与家庭营养需求：投入角度。

从投入角度来看，此类研究大都使用家庭层面的食物消费来估计食物价格对营养摄入的自价格弹性和交叉价格弹性。Pitt（1984）对价格和营养之间的作用关系做了较为全面的考察。他对于传统的个人家庭农户模型进行了改进和扩展，增加了健康生产部门，并假定家庭有多个成员。Pitt指出，某一个特定食物价格变动对于家庭层面的营养摄入构成或营养水平以及食物消费的影响，在理论上来看是模棱两可的，理论上的交叉价格影响是不确定的。而价格变动对于个人的健康水平的影响更是模糊不清，因为缺少家庭内部的营养分配信息以及面对价格变动时家庭做出的反应对其健康营养的影响。但是对于个人的健康衡量，估计面对价格波动时健康的简化形式方程还是可以做到的。其文献的实证结果表明，牛奶价格支持政策对于健康干预而言更为重要。而任何一种食物价格的变动，其对健康的影响可能都会依赖于价格对个人营养的相关作用以及不同营养在健康中的作用。文中区分了工资性收入和农业利润，并且解释了利润对于营养摄入的弹性较小的原因可能是因为价格往往发生在一组食物中，其体现在某一大类食物时，作用就会相互抵消。同时，他也指出随着收入的增加，人们很可能增加一些没有营养的食物消费（Behrman 和 Wlofe，1984），而这些营养对于营养消费而言是不显著的。其文献并没有使用联立方程的方式来考察问题，针对不同的问题使用了不同的方法；并且将营养进一步细分至维生素等；对营养摄入的分群体的疾病影响，虽然使用的是自我评价，但总的来说较有说服力。

　　Pitt（1984）也指出在研究营养摄入和价格关系方面存在仍然存在很多可以改进的地方。既然营养摄入本身并不能作为变量出现在效用函数中，就很难说明其如何作为一组重要的投入对健康产生影响，以前的研究并未说明不同的营养是如何对可观察的健康水平发挥作用的。既然食物价格的变动可能引起营养摄入的组成和营养摄入的水平发生改变，而且可能增加了某种营养，却减少了另一种营养。因此，这些研究对于基于营养目的的政策干预很难明确。缺陷在于，现有的研究中忽略了除了食物价格之外的其他与健康相关的因素，而且并没有指出在一个总的食物消费中，对于个人层面的营养水平是如何影响的。事实表明，发展中国家家庭中的资源分配并不是平等的。Block（2004）就发现印度尼西亚的稻米价格上涨会减少贫困家庭中母亲的热量摄入。同时，由于稻米价格上涨而减少了其他营养食品的购买，从而导致儿童的血红蛋白明显降低。FAO（2008）也指出，随着食物价格的上涨，家庭会改变其消费模式，降低食物消费的质量和数量。在城市地区，当价格上涨时，女性户主的家庭比男性户主的家庭的福利下降比例要大。

　　在 AIDS 等弹性分析模型出现之前，研究营养摄入与价格关系的文献大都用普通的计量回归方法。Pitt（1983）在对 9 种食物价格变动进行研究时发现，其中有 7 种食物的价格对于 9 种营养素的摄入既有正效应又有负影响。这一结果表明对于食物支出较高的 25% 的家庭而言，其非补偿价格弹性（uncompensated price elasticties）更大。而对于位于 0.9 分位的家庭而言，9 种食物中的 6 种的价格弹性对营养并没有显著影响。

在 AIDS 等弹性分析模型出现之后，很多文献对于价格和营养摄入之间的分析大都沿用了之前所提到的消费弹性的分析方法和思路。即首先通过弹性分析模型估计价格和食物消费支出之间的弹性，然后再将消费的食物量按照食物营养成分转换为营养摄入量，最后再估计营养素与价格之间的弹性关系。Huang（1996）曾就此问题给出了估计营养弹性的方法。B. Dhehibi（2003）曾指出，用截面数据衡量食物需求，并且将食物需求再转化为营养，其中主要有两种做法，一是直接衡量收入和社会人口等因素对营养需求的影响；二是两步法的间接估计，先估计食物需求体系，再计算食物营养的需求。但这两种方法是对营养的需求分析，而不是对食物的需求分析。既然营养不能在市场上直接获取，那么这些方法就是有局限性的。因此，他建议在考虑营养因素的基础上，估计食物需求，在此模型中，食物的需求量为因变量，而收入价格和营养是外生变量。

Awadu Abdulai 和 Dominique Aubert（2004）利用广义矩估计方法估计了营养需求的决定因素，并通过非参估计的方法指出不同食物的支出比例与食物总支出之间的关系是非线性的，因此要采用 QUAIDS 模型估计营养素摄入与价格之间的弹性。结果表明，收入和其他社会经济变量对食物和营养的需求具有显著的影响。对铁元素的支出弹性是 0.307；对于维生素 B12 的支出弹性是 1.26；对于热量和蛋白质支出弹性在 0.4 左右，且价格弹性为负值。来自动物产品的营养弹性要高于植物食品，如肉鱼蛋奶及奶产品的支出弹性高于蔬菜和水果类食物。Huang（1999）对美国家庭营养素的收入弹性进行了分析。结果发现，美国家庭营养素的收入弹性大约为 0.1~0.4，而营养素的价格弹性并不完全为负，其中大米对于营养素的弹性为正值。Shankar Subramanian 和 Augus Deaton（1994）通过对印度农村的营养摄入和食物支出情况的分析，估计了热量消费对于总支出而言，弹性是 0.3 ~ 0.5，弹性会随着生活水平的提高略有下降。在印度，必要的热量摄入的成本少于每日工资的 5%。也就是说收入受营养的约束要大于其他途径。Kuo S. Huang、BingHwan Lin（2000）用低收入群体的需求弹性来估计营养的收入弹性，结果表明 13 种食物的支出弹性是正的，同样，25 种营养素的收入弹性也是正的。

Shankar Subramanian 和 Augus Deaton（1994）的研究同时也表明，热量的收入弹性接近于 0，即收入的增加并不一定会促进营养摄入的增加。随着收入的增加，人们摄入热量的成本也在随之增加。比如一些食物包含很多的热量却很便宜，但另外一些较贵的食物包含的热量却很少，后者对前者会有一些替代。如果替代发生时，就会扩大食物支出与卡路里摄入量之间的弹性。其文献研究了人们如何从便宜的热量摄入食物向昂贵的卡路里转变。这种变化是发生在不同组的食物之间还是发生在同一种类的食物之中。其文献估计的卡路里的支出弹性对于贫困人口而言，是 0.55 左右，而对于收入水平较高的人而言，是 0.4 左右。在收入最高的群体中，他们为卡路里支付的成本大概为贫困人口的 2 倍左右。对于很贫穷的家庭而言，他们的消费食物质量的提高主要是在谷类之间，因此，卡路里的弹性不会变化太多。总的食物需求弹性为 0.75，这一弹性可以分解为卡路里的收入弹性和价格弹性。后者是人们由小麦向其他食物转移实现的。因此，其文献的结果并不认为营养不会随着收入的增长而增长。Strauss（1998）指出，如果热量摄入量保持不变，而蛋白质摄入量增加，就意味着增加热量的质量或价格增加。这是因为卡路里的消费比例越高，则蛋白质越高，就意味着消耗了更多的动物产品或肉类食物，如果将蛋白质和热量都放入生产效率模型中，则蛋白质与工资之间的关系就变成了凸函数关系，即更高质量的饮食不仅会带来高工资，还会出现报酬递增的现象。

相比于国外研究，国内对于居民营养摄入的分析目前尚不多见。叶慧等（2007）利用差分需求方程，估计粮食价格以及收入变动对居民从粮食中摄取的热量、蛋白质和脂肪的价格弹性和收入弹性。该研究属于比较宏观的分析，其中每人每年对粮食各营养素摄取量来自 FAO 数据库中 2005

年的数据，各粮食品种（水稻、小麦、玉米和大豆）的价格来自《中国农业发展报告（2005）》历年农产品生产价格指数，而2000年以前的价格为收购价格指数。结果表明，粮食价格变动对居民摄入粮食食品营养具有显著影响。如果粮价下跌，营养需求量会增加。因此应该稳定粮食价格，慎言提价。李好（2007）使用AIDS模型，分析了城镇贫困居民食物消费的收入弹性和支出弹性，并提出了补偿性价格弹性和非补偿性价格弹性。所谓的非补偿性价格弹性是指，在消费品的价格上涨之后，消费者收入不会因为商品价格的上涨而得到一定的补偿。即消费者的实际收入保持变化的情况下，消费品价格上涨，消费者对该消费品消费需求的变化。补偿价格弹性是指排除价格变动给实际收入带来的变化，而对需求产生的影响，即价格上涨而实际收入不变的价格弹性。但是本书仅仅分析了营养摄入与教育、家庭等控制变量之间的单因素关系，并未进行深入分析，并且与前面的弹性分析之间联系不紧密。喻闻等（2012）基于农户调查数据，通过广义矩估计法，估计了食物价格对中国农户主要营养素（热量、蛋白质、胆固醇和脂肪）的需求影响。结果表明，农产品价格等因素对主要营养素需求显示出显著的负影响。脂肪和胆固醇需求随着水稻价格上升而上升，由此认为主食价格政策可能有利于居民的营养改善。但其文献并没有提供有关营养摄入的价格弹性分析。

Zheng（2012）是分析中国居民营养素摄入弹性较为细致的典型代表。其文献以江苏省的城市居民调查数据分析了不同收入水平的食物需求情况。其文献使用了不完全消费系统（LINQUARD），对于缺失值较少的食物种类通过平均的质量调整过的价格来代替，而对于缺失值较多的食物种类则采用Heckman模型进行估计。并采用Huang（1996）的营养需求弹性的分析方法，将食物需求弹性转换为营养素摄入弹性。虽然其文献只以一个省为分析对象，但对搜集数据的代表性进行了描述，双GDP、人口方面说明江苏的代表性，再有由于考察的是收入不平等对食物消费的影响，因而特别比较了江苏省样本数据的GINI系数与全国的GINI系数的比较。

（2）市场化与家庭营养需求：产出角度。

John Strauss（1986）的著作是较早从营养的产出角度来分析的文献。他主要是为了验证效率工资假说，认为营养摄入与生产效率有密切的关系。较高的营养摄入会带来较好的生产效率。在分析中，Strauss 选用农产品价格作为工具变量，分析是否更多的热量摄入可以提高劳动生产率。结果表明，卡路里摄入量与农业生产率之间具有显著的相关性。如果食物的有效价格下降，尤其是对于贫困家庭的下降幅度较大，生产效率就会随着卡路里摄入量的增长而有显著上升。

除了生产效率，营养的产出还表现在人体测量学角度，例如儿童的身高、健康以及成人的 BMI 指数等。Behrman 和 Deolalika（1989）表明在食物供应不足的季节，谷类价格对儿童的身高有正效应，而在粮食供给充足的季节则没有显著的影响，食物价格对营养摄入的影响也是显著的，但却呈负相关。Foster（1990）发现儿童的身高与大米价格是负相关的。Thomans 和 Strauss（1992）指出，食物价格对儿童的健康有显著的影响作用。Barrera（1990）发现大米、食用油、牛奶等价格对儿童的身高作用不大。Schultz（1990）认为食物价格对哥伦比亚城市人口的影响不大，但对农村的死亡率有负影响。

Fogel（1994）认为儿童的身高往往会随着收入的增加而增加，尤其是在低收入社会。营养水平较高的孩子的身高在全世界范围内大都是差不多的（Strauss，1995），相对于身高，BMI 在生命中的变动，可能可以看出营养水平和健康的长期和短期影响。BMI 是一个与热量摄入有关的净产出指标（Strauss，1986）。但是 BMI 也可能会因为人们收入水平的提高，体力活动水平下降而升高。Strauss（1986）使用食物价格作为营养摄入的工具变量。使用合适的工具变量，比如社区中可获得的食物价格或者基础设施是很重要的，如果不用社区价格而用家庭实际消费量和支出，那么可能会存在家庭个人选择的问题，这些都会受到很多不可观测的因素影响，比如家庭对资源的可获取能力等。Sandra L. Hofferth 和 Sally Curtin（2005）检验了收入水平与就学儿童过胖之间的关系，然后又分析了国家的营养餐计划对于不同收入水平孩子的过胖问题的影响是否不同。结果证明，并没有证据表明贫穷的孩子更有可能超重，营养餐计划对于贫困家庭的孩子的超重问题影响不大。

Tatiana Andreyeva（2010）认为要想更好地通过食物价格的变动来改善健康水平，重要的是要了解食物价格的变动是如何影响食物需求的。其文献分析了针对美国 1987—2009 年有关食物消费的 160 篇文章，结果发现，这些研究中，食物的价格弹性大都在 0.27 ~ 0.81 左右。在外就餐以及软饮料、橘子和肉类对价格变动最为明显（0.7 ~ 0.8），研究表明，价格可以在一定程度上使人们由不健康食物消费转移到健康食物消费，对于那些高危人群尤为重要。

（3）市场化与家庭营养需求：内部营养分配角度。

在传统的需求分析中认为营养摄入的直接因素是价格、收入和个人、家庭以及社区的禀赋，在考虑这些因素的基础上估计价格和收入弹性对于制定改善营养的相关政策具有重要的意义。很多文献已指出家庭内部的食物配置对于不同性别、不同年龄的成员间的分配是不同的，但并没有分析对于不同的个人对于不同的价格和收入所带来的不同反应。Behrman 和 Deolalikar（1990）指出这些弹性的估计过程中没有考虑到以下因素的影响：一是家庭内部的食物分配问题；二是家庭永久性收入在其中的作用；三是无法观察到固定效应的作用。其文献在前人研究的基础上，将营养摄入信息引入家庭内部的食物分配中，通过个人营养摄入信息来分析家庭内部不同个人对价格和收入的反应，同时通过面板数据来控制固定效应，利用 9 年的家庭收入来估计永久性收入对于营养的影响，并与暂时性收入的分析结果进行了对比。结果发现，妇女的营养摄入的负价格弹性要比男性大，因此在食物缺乏时，女性比男性更为脆弱。价格对于个人营养摄入的影响方向并不是很清晰，其文献认为造成这一结果的原因可能有两个：第一个原因是营养来自不同的食物，虽然食物价格会直接影响食物需求量，但是由于不同食物之间存在交叉的价格替代效应，一些食物价格的上涨会引致人们转向更便宜的食物，以保证营养来源，因此，存在着价格上升引起营养摄入量增加的情况。另一个原因是使用的是个人营养摄入数据，食物价格对于整体家庭营养摄入的影响虽然是负的，但是对于某些家庭成员而言可能是正的，这取决于家庭内部食物分配模式，例如价格上涨可能仅仅会降低家庭中妇女的营养摄入，而对于男性成员并无大的影响。此外，Behrman（1988）还发现女孩在歉收季节，其承担的福利损失要大于男孩。Behrman（1992，1997）对家庭内部对营养摄入的分配问题进行了很好的综述。

在大多数情况下，食物价格上涨并不会带来新的性别脆弱（gender vulnerability），而是会改变或加剧已有的性别不平等（Rebecca Holmes，2009）。Thomas（1990）认为母亲具有控制权的家庭比父亲控制权的家庭更关注儿童的健康和营养摄入。FAO（2008）曾指出在很多国家，家庭内部的食物分配并不均等，妇女和孩子，尤其是女孩是其中的脆弱群体。城镇中妇女为户主的家庭比男户主的家庭因食物价格上涨而带来的福利下降程度更深。Coon（2008）研究表明，女性户主家庭在农村的比重日益增多，食物价格上涨对于女户主家庭的影响尤为剧烈，因为她们用于食物支出的比例要大于男户主家庭，因而受食物价格上涨的影响就更大。但其文献并没有发现足够的证据说明食物价格波动对于儿童和男人有显著的影响。Swan 等（2009）认为食物价格变动对儿童中的男女影响并不大。但在南亚，由于普遍存在偏向男孩儿的现象，因而在食物价格上涨时，女童更容易受到营养不良的冲击。

妇女常常是家庭中做饭买菜的重要角色，因而其饮食知识水平和受教育程度对于儿童的营养摄入有重要的影响（Quisumbing，2000）。她们不仅因为是家庭食物的主要负责人而受到食物价格的影响，同时，她们还可能在食物价格上涨时选择减少食物消费量或降低食物消费质量来应对价格冲击。因此，妇女和儿童在价格上涨中是更为脆弱的，由于食物多样化的减少和食物质量的下降，他们会面临微量元素摄入不足而带来的营养不良，这对于婴幼儿、孕妇和哺乳期的妇女的影响尤其明显（UNICEF，2009；FAO，2008）。Susan（1991）认为妇女就业对食物支出份额有重要影响，同时对在外就餐的份额，单位热量成本和12种营养的人均摄入量也有重要影响。其文献使用加拿大家庭食物支出调查数据进行分析，结果表明妇女的就业增加了在外就餐的比例。同时，如果妇女是全职人员，则会对营养摄取产生负影响，而且此负面影响并不会因人均收入的增加而减弱。其文献指出，在外工作对于消费模式的影响主要有三个方面：一是更高的收入会增加所有正常品的消费，尤其是奢侈品；二是新的家庭经济框架表明妇女的就业将会使消费时间密集型产品转向产品密集型商品；三是妇女的工作会增加妇女在家庭中的话语权，尤其是增加对儿童消费的权利。

Song（2008）对中国农村家庭内部资源分配的性别歧视进行了分析，其文献检验了三个假说：一是家庭中妇女的谈判能力是否会影响家庭的消费模式；二是中国农村家庭内部资源配置是否会重男轻女；三是妇女的谈判能力增强是否会减少重男轻女的倾向。研究结果表明，消费模式确实会随着妇女谈判能力的提高而改变，在健康资源投资方面会更多地倾向于年轻的男孩儿，而不是女孩儿。但没有证据支持第三个假说。Eiji Mangyo（2008）则利用 CHNS 的面板数据分析了家庭人均营养摄入量的变化是如何影响家庭内部的营养分配的，其文献为了避免内生性，使用了下雨的天数作为工具变量。研究发现，家庭中男性成员的营养摄入量要比女的具有更大的弹性，但是明显比老年人低。

2.3 食物价格对居民营养脆弱的影响

2.3.1 食物价格对居民营养脆弱性和食物安全的影响

随着市场化进程的加快，居民食物消费逐渐从自给自足转向购买，从食物交换转向现金购买。因此，居民的食物消费和营养摄入受市场价格波动的影响越发明显。当食物价格上涨时，家庭可能会转变其消费模式，降低所消费食物的数量或质量，家庭会通过这种方式来抵消价格上涨带来的冲击，但这会影响家庭成员的营养摄入，进而影响其健康水平，不利于其人力资本积累。高涨的农产品价格主要是由穷人承担的，因为这些家庭几乎 70% 的收入都用于购买食物。Yaro，J. A.（2004）提供了一个生计脆弱性分析的理论框架，认为政府需要了解粮食不安全地区人们的脆弱性情况，并有针对性地向他们提供必要的政策扶持。Monika Verma（2009）认为食物价格和收入的波动会使人们的食物消费以及营养摄入量产生不确定性，会增加低收入人群的营养脆弱性。穷人总是与营养不良联系在一起，因此，粮价的波动会增加他们的营养脆弱性。其文献通过全球一般均衡分析、消费者行为的计量分析以及对家庭层面卡路里消费的微观分析，发现全球经济变动对发展中国家穷人的卡路里摄入量的影响。Irini Maltsoglou（2011）估算了价格上涨对坦桑尼亚国家和家庭层面的食物安全的影响，他认为食物价格对家庭食物安全有重要影响，对脆弱性人群的影响尤为显著。对于政策制定者而言，不仅要了解国家层面的价格变动带来的影响，更要关注价格变动对脆弱性群体福利的影响。政府应该考虑为脆弱群体提供必要的社会安全网。但是他只用了两个省份的数据进行了分析，缺少整体的代表性。

当食物价格上涨时，家庭可能会转变其消费模式，降低所消费食物的数量或质量。从某种程度上来说，家庭会通过这种方式来抵消价格上涨带来的冲击。在很多国家，家庭内部的食物分配并不均等，妇女和孩子，尤其是女孩是其中的脆弱群体。因为妇女和小孩自身的生理特点，其营养不良带来的健康危害更为严重。因此，当食物价格上涨时，妇女和儿童在营养方面就显得尤为脆弱，其中孕妇、哺乳期的母亲以及儿童是最为脆弱的。（Oxfam and Save the Children，2008；UNICEF，2009）。在城市的家庭里，当发生粮食价格危机的时候，家中的女性遭到的福利损失往往高于男性；在农村地区，当粮食价格上涨时，女性当家的家庭受到的冲击要更大一些，因为她们在食物方面的支出要多于男性为主的家庭（FAO，2008）。李瑞峰（2007）认为贫困地区农村居民家庭的食物安全的总体水平不断提高，但是仍然偏低，农村地区是家庭食物不安全风险相对集中地区，主要表现在家庭粮食生产能力不足、收入水平较低、粮食价格波动等方面。农户对价格上涨和粮食减产的风险承受能力较低。丁丽娜（2006）通过对800户贫困人口的微观数据分析从食物消费数量和营养状况两个方面对我国贫困地区的食物安全问题进行了研究，认为贫困地区目前的营养结构严重不合理，食物消费没有基本保障，食物安全问题比较突出。

2.3.2 食物价格对居民收入脆弱性的影响

经济冲击对发展中国家中的个体福利的影响已经日益引起学界和政策制定者的关注。很多研究主要关注于收入冲击。这些研究的理论基础在于，在一定收入约束条件下，个人会通过改变消费选择，以使未来效用有最大的折现值（Fafchamps，2003）。Hyun H. Son（2009）构建了一种计算价格对贫困影响弹性的计算方法——贫困价格指数（Price Index for the Poor，PIP）。PIP 指数可以用来揭示价格变动是加剧贫困还是减缓贫困的。Tomoki Fujii（2011）分析了 2006 至 2008 年间粮食价格上涨对不同地区的农业生产家庭的影响。他强调了食物消费模式以及价格变化影响的异质性，发现非农收入家庭和农业收入家庭受粮价上涨的影响差异很大，农业收入家庭在面临粮食价格波动时尤为脆弱。而 Baker（2008）发现城市中已经处于贫困中的人（already poor）在价格上涨时显得更加脆弱，因为他们没有足够资金来应对价格危机。Alem，Y.（2011）对埃塞俄比亚的城市居民消费进行了调查，发现高粮价是 2004—2008 年最大的经济冲击，大多数家庭通过调整食物消费来应对冲击，其中资产较少的以及临时工较多的脆弱性家庭受高粮价的冲击最为严重。很多针对发展中国家的实证分析主要集中农村家庭，尤其是认为农村家庭应对价格冲击的能力有限，价格冲击往往会影响农村家庭的福利水平（Dercon，2004；Skoufias 和 Quisumbing，2005；Townsend，1994）。Robert Bacon（1995）分析了发展中国家电力部门的价格变动对消费者福利变化的影响，探讨了有关价格变动对福利影响的几种计算方式，如 Vartia 算法和消费者剩余等。

目前国内的相关研究主要集中于食物价格对农民收入以及居民食物消费的影响。钟甫宁（2009）利用 1986—2002 年的城镇居民微观调查数据考察食物消费行为，计算了主要农产品的需求弹性。陈秀凤（2006）分析了农村居民粮食直接消费的现状以及形成原因和未来发展规律。何仕芳（2011）通过时间序列数据考查了农产品价格波动对农民增收的长期效应。

结果表明：从长期看，农产品价格提高有助于农民增收，但是生产资料上涨对农民增收的负效应也不容忽视。

2.3.3 市场价格调控政策对居民脆弱性的影响

目前有关食物价格对社会福利的影响主要集中于对脆弱家庭粮食补贴以及对蔬菜水果等健康食物的补贴，即对"瘦补贴"（thin subsidies）的分析。Besley（1988）为分析粮食补贴的最优模式提供了很好的理论框架，认为粮食补贴的最终目的是在一定的预算约束条件下，将贫困降至最低。Biing - Hwan Lin（2007）分析了低收入人群面对食物价格上涨时的消费行为改变，并探讨了食物券补贴对低收入人群消费选择的影响。Bhutta（2008）分析了近乎相同的营养促进政策对低收入人群和相对高收入人群产生的不同影响。Raghbendra Jha（2009）分析了印度的农村公共工程政策（Rural Public Works，RPW）和公共分配制度（the Public Distribution System，PDS）对农村消费贫困、脆弱性和营养不良状况的影响，为本书提供了一个分析不同政策对脆弱性影响的分析视角。Matthew J. Salois（2011）考察了美国的肥胖税和"瘦补贴"组合的食物政策对健康的影响。其文献用 Bayesian 方法估计食物需求模型，并计算了在价格变动时所引起的相应营养消费的弹性。这一方法也为本书分析食物价格波动对营养脆弱性的影响提供了方法借鉴。此外，有关肥胖税和蔬菜水果补贴对消费者需求影响的文献还有很多，虽然他们并没有针对脆弱性群体进行分析，但他们分析了政策对消费者食物需求行为的影响，这为本书提供了一些分析农产品政策对脆弱性影响的方法和工具（Yanni Chen，2009；Senarath Dharmasena，2011）。

从现有的文献可以发现，食物价格的上涨对居民脆弱性的影响是多方面的，其中既包括价格波动带来的宏观经济影响，也包括对微观家庭消费选择的影响。大部分文献集中于对典型的不发达国家或贫困人口的分析，针对价格与中国居民营养脆弱性关系文献较少，但是现有的文献为本书提供了很好的分析视角和研究方法，有助于我们未来对食物价格对中国城乡居民营养脆弱性影响的研究。

2.4　本章小结

本章以服务本书研究目的和主要内容为原则，对相关文献做了一定的回顾和梳理。虽然国外文献中对基于食物消费角度的营养脆弱性已有不少研究，尤其是在食物价格不断攀升的环境下，更是有不少文献开始关注食物价格波动对于脆弱群体的福利影响。不过，就国内现有的脆弱性研究来看，目前仍主要集中于对居民的收入脆弱性进行分析，涉及食物消费和营养脆弱性方面的文献尚不多见。从现有的文献可以发现，食物价格的上涨对居民脆弱性的影响是多方面的，其中既包括价格波动带来的宏观经济影响，也包括对微观家庭消费选择的影响，大部分文献集中于对典型的不发达国家或贫困人口的分析，针对价格与中国居民营养脆弱性关系文献较少，但是现有的文献为我们提供了很好的分析视角和研究方法，有助于我们未来对食物价格与中国农村居民营养脆弱性影响的研究。

而在家庭食物消费方面，国内的大量研究已经提供了较好的分析方法和视角，为本书的进一步研究提供了很好的启示，尤其是需求弹性分析方面，但所使用的价格大多是"单位价值"，存在一定的内生性，同时，在研究食物消费时大多都倾向于关注城镇居民，而对农村居民的食物消费的市场化趋势关注程度略显不足。相较于之前的相关文献，本书试图在以下几个方面进行补充和尝试：一是对食物价格的处理，以社区调查的客观食物价格来代替"单位价值"的处理方法，以减少内生性的情况发生；二是将食物消费引申至营养摄入层面，分析家庭的营养摄入受食物价格的影响。三是分析食物价格波动对于农村居民的影响。一直以来我们都认为城镇居民在食物消费方面是纯消费者，因此当食物价格波动时更容易受到冲击和影响，这也成为很多研究分析的重点。但是随着市场化的进程，我们也应注意到，农民的自给自足的特点正在逐渐消失，其食物消费行为也日益商品化和货币化，因此当食物价格波动的时候，也应对其予以必要的关注和重视，这也正是本书将在后面所要进行的工作。

C

HAPTER

第三章

我国农产品价格波动与农村家庭
食物消费趋势分析

3.1　全国农村食物价格波动趋势

3.1.1　主要农产品生产价格波动趋势

农产品生产价格是指农产品生产者直接出售其产品时实际获得的单位产品价格。农产品生产价格可以客观反映全国农产品价格水平和结构的变动情况。而农业生产价格指数是反映一定时期内，农产品生产者出售的农产品价格水平变动趋势及幅度的相对数。

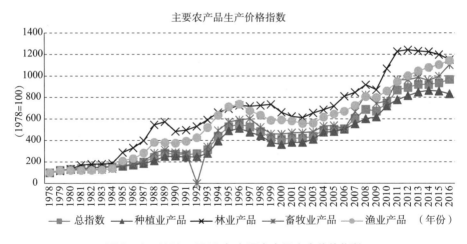

主要农产品生产价格指数

图 3-1　1978—2016 年主要农产品生产价格指数

数据来源：《中国农产品价格年鉴（2017）》。

图 3-1 给出了以 1978 年为基期的历年农产品生产价格总指数以及农林牧渔四大类农产品的生产价格指数波动情况。从图中可以看出，自 20 世纪 80 年代中期开始，农产品生产价格指数就开始呈现明显的

上升趋势。农产品生产价格总指数由 1978 年的 100 上升至 2016 年的 966.45，这说明农产品生产价格指数在这期间上涨了近 8 倍。而在农林牧渔四大类农产品中，种植业产品的上升速度相对是较慢的，仅从 1978 年的 100 上升至 2016 年的 832，有 8 倍多的增幅；而畜牧业的农产品生产价格的波动幅度是最大的，在 20 世纪 90 年代初甚至一度出现下跌的趋势，但近几年的增幅也较快；由于资源的不可再生性和生态环境的破坏，林业产品的生产价格涨幅是最明显的，至 2016 年，其价格指数一度达到了 1152.4。

农产品生产价格的波动在一定程度上可以代表我国农产品价格波动的趋势，从图 3-1 中，我们明显可以看出随着时间的推移，农产品价格会一直保持一个上涨的趋势，且在近几年尤为突出，这无疑会增加居民的食物消费支出负担。

3.1.2 农村居民食品类消费价格波动情况

图 3-2 1994—2016 年农村居民食品消费价格指数

数据来源：《中国价格统计年鉴（2017）》。

从图 3-2 中可以看出，自 1994 年以来，农村居民食品消费价格指数一直呈现波动上涨的趋势。其中，蔬菜价格指数上涨最为明显，2016

年的价格指数是 1994 年的 5 倍多。肉禽类和粮食类自 2003 年以来一直处于明显的上涨趋势，至 2016 年其价格指数已经分别是 1994 年的 2.5 倍和 3 倍。此外，其他食品种类，如水产、奶类等的消费价格指数上升也较为明显。

随着农民生活水平的改善，其食品消费结构也在悄然发生变化，主食在食品消费中的比例逐渐下降，而蔬菜、肉类等食物的消费比重在逐渐增加。而从图 3 - 2 的食品消费价格指数中可以看出，肉禽类和蔬菜类价格的显著上涨，无疑会在一定程度上增加农村居民的食物消费支出。

3.2 我国农村居民食物消费情况的变化趋势

随着我国农村居民收入水平的逐渐提高，其食物消费结构及消费质量也得到了逐步优化和提高。同时，受市场化进程的影响，农户的食物消费和生产行为也日益地商品化，其用于食物消费的现金支出也日益增加。下面，本书将从不同方面对我国农村居民食物消费的变化趋势加以分析。

3.2.1 农村居民食物消费总量情况

（1）我国农村居民食物消费结构得到了优化，食物消费质量有所提升。

第一，我国农村居民的粮食和蔬菜等植物性食物消费量降低，而肉蛋奶的消费量则呈上升趋势。从图 3 - 3 中我们可以看出，自 1978 年以来，农村居民家庭中的粮食和蔬菜等植物性食物人均消费量呈现逐渐下降趋势，而肉类和禽蛋奶制品的消费比重则呈现逐渐上升的趋势。从实际的消费量来看，2016 年我国农村居民家庭人均消费粮食为 157.2 公斤，比 1978 年的 247.8 公斤减少了 90.6 公斤，减少了近 4 成；而人均蔬菜消费量则从 1978 年的 141.5 公斤降低至 2016 年的 91.5 公斤。相反，农村家庭在肉、蛋以及水产品等动物性食物消费方面却有着大幅的提高，从1978年的7.7公斤上涨至2016年的38.7公斤，增长了近4倍；其中水产品和蛋类均增长近7倍。这说明我国农村居民的食物消费结构日趋合理化，且呈现多样化趋势。

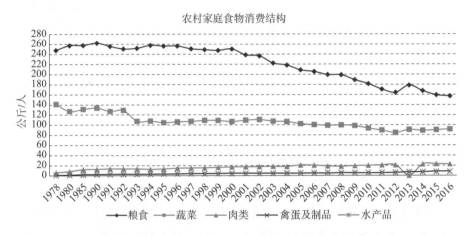

农村家庭食物消费结构

图3-3　1978—2016年农村家庭食物消费结构变化趋势

数据来源：《中国农村统计年鉴（2017）》。

　　第二，我国农村居民的食物消费质量也得到了明显的提升。例如，粮食消费的精细化程度不断加深。从图3-4中可以看出，1978年时农村居民家庭的粮食消费中粗细粮的比例接近1∶1，而到了2016年，细粮的消费比例则达到了近90%。此外，农村居民的肉类消费也呈现出多样化趋势，牛羊肉和禽类等高蛋白低脂肪肉类的摄入比例不断提高（见图3-5）。肉类消费中虽然仍然以猪肉消费为主，牛羊肉消费量逐渐增加。从营养角度来说，食用植物油脂比食用动物油脂更有益于人们的身体健康。从食用油的消费来看，农村家庭的食用植物油呈总体上升趋势，从1978年的1.3公斤上涨至2016年的9.3公斤，增长了7倍（见图3-6）。而相比之下，动物食用油的消费量占比逐渐减少，尤其是2003年之后，基本仅维持在1公斤左右。由以上几点可以看出，随着收入水平的提高和生活质量的改善，农村居民在饮食方面更加注重质量和营养。

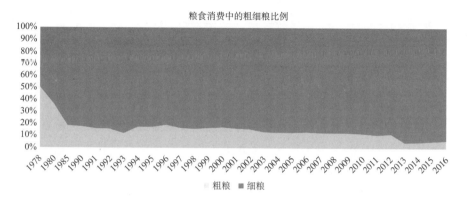

图3-4　1978—2016年农村家庭人均粮食消费中的粗细粮比例

数据来源：《中国农村统计年鉴（2017）》。

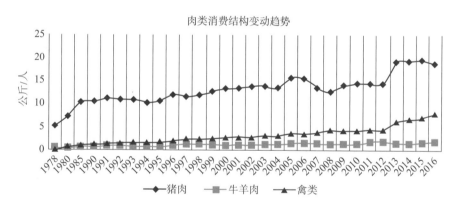

图3-5　1978—2016年农村家庭各种肉类消费的比例

数据来源：《中国农村统计年鉴（2017）》。

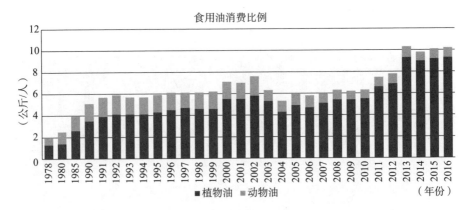

图3-6　1978—2016年农村家庭食用油消费的比例

数据来源：《中国农村统计年鉴（2017）》。

（2）我国农村家庭的食物消费质量与城镇家庭还存在一定的差距。

前面的数据分析表明，农村家庭的食物消费无论从结构还是质量上都得到了优化和提高，但是我们仍然看到，与城镇家庭相比，农村家庭的食物消费仍然存在着一定的差距。图3-7给出了城乡居民家庭在蔬菜、肉类、食用油以及水产品消费量方面的差距，从图中我们可以看出，在食物消费质量方面，农村家庭与城镇家庭的差距呈现先缩小而后扩大的趋势。例如，蔬菜消费方面，20世纪90年代之前，城镇的蔬菜消费与农村居民的蔬菜消费量差距平均不足10公斤，甚至在1992年还出现了低于农村的情况。但自2002年以后，城镇居民的蔬菜消费量与农村居民之间的差距逐渐扩大，从2002年的相差5.9公斤扩大至2012年的相差27.6公斤，2016年这一差距缩小至16公斤。

在肉类消费方面，农村人均消费量虽逐年增加，但与城镇相比仍然存在年均12公斤的差距。而且《中国食物与营养发展纲要（2001—2010）》指出，2010年城乡居民人均每年主要肉类摄入量分别为32公斤和26公斤。目前，我国城镇居民肉类消费量已经基本达到甚至远超出了国家提出的膳食营养要求，其早在2002年就已经达到了32公斤。而农村家庭的肉类消费到2016年为止，尚未达到我国制定的食物与营养发展目标。

除此以外，在水产品和植物食用油消费方面，农村家庭与城镇家庭的人均消费量也存在着明显的差距。不过由于膳食营养意识的提高，城镇居民在食用油消费方面增长较为缓慢，在近几年甚至出现了下降趋势，相反，农村居民家庭的消费量一直呈上涨趋势，因此两者之间的差距有所缩小。水产品消费方面，城镇居民的消费量一直都数倍于农村家庭，两者之间的年均差距为 7 公斤左右，近年来随着农村食品消费市场的完善，农村的水产品消费量有显著增加，但与城市居民的消费水平仍有较大差距。

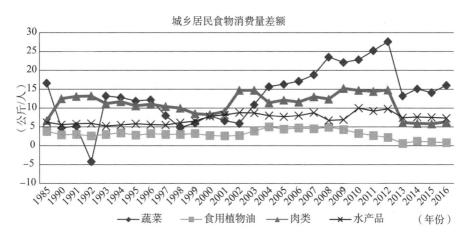

城乡居民食物消费量差额

图 3 - 7　1985—2016 年城乡家庭主要食物消费量差额变动

数据来源：《中国住户调查统计年鉴（2017）》。

3.2.2　我国农村家庭的食物消费支出情况

（1）我国农村家庭的食物消费支出的总体发展趋势。

从图 3 - 8 可以看出，我国农村家庭消费支出一直呈现上涨趋势，人均消费支出从 1978 年的 116.1 元增长至 2016 年的 10129.8 元，增长近 90 倍。这表明农村家庭的消费水平得到了明显的提升，尤其是 2002 年之后，其消费支出呈现直线上升趋势。相比之下，其食物消费支出也随之增加，由 1978 年的 78.6 元增长至 2016 年的 2509.2 元。但是，从图 3 - 8 也可以看出，食物消费支出的增幅呈现逐渐放缓的趋势，其在消费支出中的占比，也就是恩格尔系数呈逐渐下降趋势。

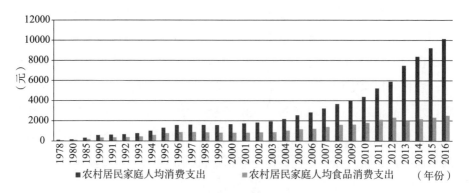

图 3 - 8   1978—2016 年农村居民家庭人均消费支出

数据来源：《中国住户调查统计年鉴（2017）》。

联合国粮农组织（FAO）提出可以用恩格尔系数来表明其消费水平，恩格尔系数越高，其消费贫困程度越高。一般来说，恩格尔系数在 60% 以上即为贫困型消费，而 50% ~59% 为温饱型消费，40% ~49% 为小康型消费，30% ~39% 为富裕型消费，低于 30% 则为最富裕型消费。按照这一标准，我们从图 3 - 9 中可以判断，在 20 世纪 80 年代以前，我国农村居民处于贫困型消费阶段；直至 2000 年，农村居民一直处于温饱型消费阶段。2000 年以后，农村居民才真正进入了小康型消费阶段。从图 3 - 9 中还可以看出，城乡居民的恩格尔系数的差距在近些年呈现逐渐缩小的趋势，但城镇居民早在 2000 年后即进入了富裕型消费阶段，比农村居民的消费水平领先了十余年。

（2）我国农村家庭的食物消费支出货币化趋势。

随着城市化和市场化进程的加快以及农产品市场的不断完善，我国农村居民的食物消费也开始呈现商品化和货币化趋势。从图 3 - 10 中可以看出，我国农村居民消费支出中现金支付的比例不断提高，至 2012 年已然超过了 90%，由于 2013 年后消费支出改为新的统计口径，故消费支出的现金占比有所下降。随着食物消费的多样化及农村市场条件的不断完善，农村家庭的食物消费也呈现了相同的货币化趋势。1980 年，农村家庭食物消费中的现金支出比重仅为 31.34%，也就是说，农村家庭的食物消费中近 7

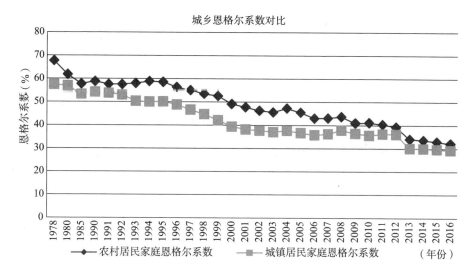

图3-9　1978—2016年城乡居民家庭恩格尔系数变动趋势

数据来源：《中国住户调查统计年鉴（2017）》。

成是由家庭本身的农业生产自给自足来保证。而后，这一比例虽然稍有起伏，但仍呈现不断提高的趋势，至2016年已经达到85%，比1980年提高了近53个百分点。这说明，农村居民家庭已经基本实现了食物消费商品化购买，农村居民的自给自足比例已经不足两成。这同时也说明，农村居民家庭已经逐渐摆脱了"自给自足"的消费特点，其食物消费也会日益受到价格等市场因素的影响和冲击。

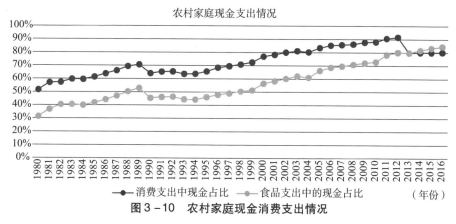

图3-10　农村家庭现金消费支出情况

数据来源：《中国住户调查统计年鉴（2017）》。

3.2.3 不同收入水平的农户食物消费情况

（1）不同收入水平农村家庭的食物消费量情况。

如前所述，收入水平会影响家庭的食物消费水平。《中国农村住户调查统计年鉴》[①] 按照所调查农户的人均纯收入将其五等分，即每个收入水平的家庭户均占样本数的20%，从低到高依次为低收入户、中等偏下收入户、中等收入户、中等偏上收入户和高收入户。不同收入水平的农村家庭在食物消费方面呈现出一定的差异性。

第一，从消费量来看，无论是粮食消费量还是肉类、蔬菜类消费，高收入家庭人均消费量均高于低收入水平的家庭，但不同收入水平家庭消费量之间的差距随着时间推移呈现逐渐缩小的趋势。这说明食物消费量与其收入水平具有密切的联系。例如，粮食消费中，1978年收入最高的20%与收入最低的20%的家庭之间人均消费量差额为33.3公斤，而到了2012年这一差距缩小为9.4公斤，甚至出现高收入家庭的粮食消费量小于中等偏上收入家庭的情况，这说明收入水平较高的家庭，其食物消费结构转变要快于低收入家庭。五个收入组家庭在蔬菜方面的消费趋势与粮食类似，均呈现一定的下降趋势，且不同收入组之间的差距有所缩小。

第二，从消费质量来看，收入越高的家庭，其食物消费质量越高。从图3-11中可以明显看出，在肉蛋奶等食物消费方面，所有收入水平的家庭均呈现逐步增长的趋势，其中高收入家庭更是显得尤为突出，其消费水平远高于收入最低的家庭。从2002年至2012年，收入最高的家庭与收入最低的家庭的消费量差距一直保持在11公斤左右；而奶类消费量，曾一度由1.5公斤的差距上升至3.2公斤，但在近两年，不同收入水平家庭的奶类消费量差距则有所缩小。中等收入及以下水平的家庭中在肉类和奶类食物消费中并没有特别大的差距，但在蛋类消费中，五个

---

① 2013年及以后不再统计不同收入水平的农户家庭的具体消费情况，故本部分数据仅到2012年为止。

收入组呈现较为明显的差距，高收入家庭的消费量几乎一直是低收入家庭的两倍左右。

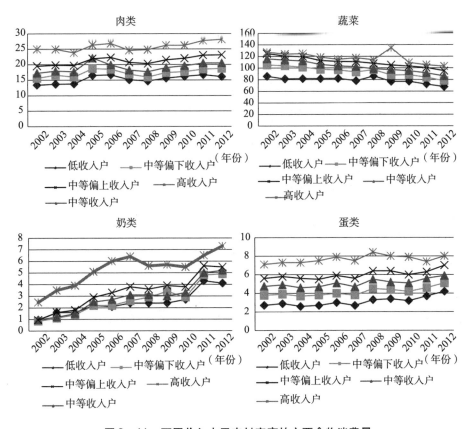

图 3-11　不同收入水平农村家庭的主要食物消费量

数据来源：《中国农村住户调查统计年鉴（2003—2005）》和《中国住户调查统计年鉴（2013）》。

（2）不同收入水平农村家庭的食物支出情况。

第一，从绝对值来看，不同收入水平家庭的消费支出差距在逐年扩大。2002 年高收入家庭和低收入家庭之间的消费支出差距为 2500 元左右，而到了 2012 年这一差距则扩大至 6533 元；而食物消费支出方面，高收入家庭和低收入家庭之间的消费支出差距从 2002 年的 790 元扩大至 2002 元。而就增长速度而言，低收入家庭的食物消费和生活消费支出的增长速度则要快于其他收入组的农户。

第二，正如前面所指出的，恩格尔系数在一定程度上可以代表家庭的贫困程度，是其收入水平的另一种体现，如图3-12所示。低收入家庭在2008年之前一直处于温饱型消费阶段，而高收入家庭从2002年开始就已经处于富裕型消费阶段，其恩格尔系数一直维持在30%～39%之间。此外，从图3-12中可以看出，高收入家庭的恩格尔系数要远低于其他收入组的农村家庭。但不同收入组的农村家庭的恩格尔系数随着时间的推移，其差距在逐渐缩小，从2002年相差近17个百分点缩小至2012年的不足10个百分点。至2012年，中等收入、中等偏下收入组以及低收入组已经完全实现了小康型消费阶段，而中等偏上收入组和高收入组则已经处于富裕型消费阶段。

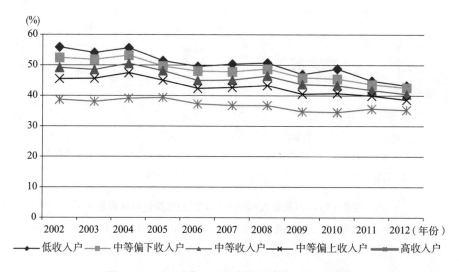

图3-12　不同收入水平农村家庭的恩格尔系数

数据来源：《中国农村住户调查统计年鉴（2003—2005）》和《中国住户调查统计年鉴（2013）》。

第三，从消费支出的货币化程度来看，五个收入组的生活消费中的现金支出比例逐渐缩小，其中高收入家庭的现金支出比例一直位于90%左右，至2012年时已经达到了95.7%。相比之下，收入最低的家庭组的现金支出比例一直较低，但其增长速度要明显快于其他收入组家庭，其从 2002 年的 67.2% 增长至 2012 年的 87.2%。不同收入组之间的比例差距缩小显著，至 2012 年时，其消费支出处于 85% ~ 95%。这说明，随着市场化程度的加深，农村居民的消费行为日益呈现出货币化特征。

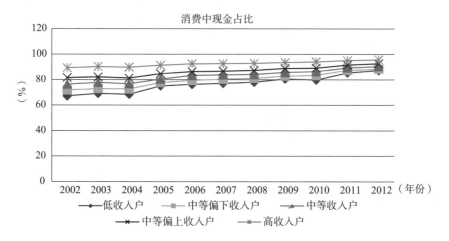

图 3 - 13　不同收入水平农村家庭的消费现金支出比例

数据来源：《中国农村住户调查统计年鉴（2003—2005）》和《中国住户调查统计年鉴（2013）》。

但从图 3 - 14 可以发现，五个收入组的食品消费的现金支出比例虽然也呈现出一定的缩小趋势，但是不同收入组之间的差异还是较为明显的。高收入家庭的食物消费的现金支出比例最高，从 2002 年的 75% 增长至 2012 年的 88.8%，远高于其他收入组。这说明高收入家庭的食物消费主要依靠市场购买，其自给自足率仅为一成左右。相反，低收入家庭以 2002 年开始主要依靠自给自足为主，食物消费中现金支出比例不足一半。但需要特别注意的是，近几年低收入家庭的食物消费货币化趋势上升明显，由原来不足一半的现金支出增长至 2012 年近 72.4%。这说明，现金购买食物的行为在农村已经相当普遍，食物消费的不断货币化和商品化给自给自足的传统农业带来了一定的冲击，也对农村食物消费市场的完善提出了更高的要求。

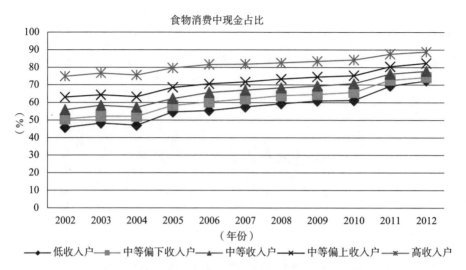

图 3 - 14　不同收入水平农村家庭的食品消费现金支出比例

数据来源：《中国农村住户调查统计年鉴（2003—2005）》和《中国住户调查统计年鉴（2013）》

3.3　我国农村家庭营养摄入情况

3.3.1　农村家庭主要营养摄入量的变化

由于我国目前公开的全国范围的营养调查数据只有 4 轮（分别是 1959年、1982 年、1992 年和 2002 年），始于 2009 年的第五次全国营养调查数据尚未公开。因此，我们在此部分分析中使用中国健康与营养调查项目（CHNS）2000 年、2004 年、2006 年和 2009 年的调查数据。该数据库主要是通过 3 日家庭膳食称重法来调查家庭的膳食消费情况。家庭的营养摄入状况主要通过家庭各种食物消费的数量和比例来进行折算。如第一章中所提到的，我们通过折算家庭的每标准人日的营养摄入量来表示家庭的营养状况。从表 3 - 1 中，我们可以看出，农村家庭的营养摄入量基本呈现逐渐上涨的趋势，其中能量摄入基本达到了国家推荐的 2400 千卡的要求。蛋白质的摄入量基本维持在 65 克以上，2009 年的蛋白质摄入量有较为明显的提高，达到了 76 克。[①] 总体来看，我国农村居民基本已经获得了适量的食物。

表 3 - 1　　　　　　　　　　中国农村家庭营养摄入量变化

	2000 年		2004 年		2006 年		2009 年	
	均值	标准差	均值	标准差	均值	标准差	均值	标准差
能量（千卡）	2155	788.9	2046	817.2	2141	851.6	2481	1507
蛋白质（克）	65.64	28.90	63.92	28.22	64.7	28.36	76.06	46.76
脂肪（克）	71.70	41.47	65.91	38.14	74.62	43.02	80.09	59.96

数据来源：根据中国健康营养调查（CHNS）数据整理得到。

3.3.2　农村家庭主要营养摄入食物来源的变化趋势

在中国健康与营养调查项目中，记录了家庭 3 日内所消费食物的食物代码和相应消费量。我们将食物代码与其相对应的食物成分表进行归类，按照通用的营养摄入食物来源的划分，最终将食物分为不同的类型[②]。其中，分析能量来源时，主要将食物来源归为六大类：谷类、薯类、豆类、动物性食物、纯能量食物、其他类；分析蛋白质来源时，主要将食物分为四大类、谷类、豆类、动物性食物、其他；分析脂肪的食物来源时，将其划分为两类食物：动物性食物和植物性食物。具体数值见表 3 - 2。

从表 3 - 2 中可以看出，农村家庭的膳食能量近 60% 来自谷类食物，但随着时间的推移，这一比例有所下降，但趋势并不明显；有 15% 的能量来自动物性食物，这一比例在 4 个年份中较为稳定。蛋白质的来源中，谷类占比从 2000 年的 54.14% 降低至 2009 年的 51.69%；豆类比例则从 16% 提高至 19% 左右；而动物性食物则基本稳定在 27% 左右，这说明农村家庭的蛋白质来源呈现多元化，其中动物性食物和豆类食物占比逐渐增加。脂

①　我们也需要注意到 2009 年的标准差也要大于往年，这说明农村家庭间的营养摄入量变动幅度也是较大的。这可能与样本的采集有关。

②　此处划分与全国营养调查的食物来源分类一致，参见《中国卫生统计年鉴（2012）》。

肪来源中，动物性脂肪由 2000 年的 45.9% 降低到 2009 年的 40%，而植物性脂肪由 2000 年的 63% 提高至 68.6%，这说明农村家庭的脂肪摄入来源更加健康化。

表 3 - 2 　　　　　　　　　农村家庭营养摄入食物来源的变化趋势

食物来源		2000 年		2004 年		2006 年		2009 年	
		均值	标准差	均值	标准差	均值	标准差	均值	标准差
能量	谷类	58.71	18.23	57.85	17.73	56.91	17	58.16	17.45
	薯类	5.63	6.32	5.831	7.264	5.346	7.416	5.895	7.339
	豆类	5.86	7.19	7.092	7.673	6.527	7.184	7.225	7.72
	动物性食物	15.44	11.74	15.45	12.77	15.38	11.49	15.35	12.84
	纯能量食物	20.51	14.06	19.18	11.78	18.21	11.47	19.39	11.99
	其他	7.69	8.60	9.646	10.43	9.591	10.64	9.499	10.01
蛋白质	谷类	54.14	21.03	51.57	20.84	49.38	19.75	51.69	20.73
	豆类	16.29	13.61	18.5	14.46	17.78	13.86	18.98	14.48
	动物性食物	26.91	18.15	27.42	18.99	28.62	17.87	27.42	18.93
	其他	18.69	17.56	19.77	15.64	18.69	14.55	19.76	15.54
脂肪	动物性食物	45.91	27.99	40.76	26.9	40.66	26.91	40.22	28.02
	植物性食物	63.18	31.11	66.51	28.99	66.15	28.1	68.64	29.43

数据来源：根据中国健康营养调查（CHNS）数据整理得到。

3.4　本章小结

　　本章通过全国统计数据对农村家庭的食物消费趋势进行了分析和总结。分析的结果表明，近年来我国农村居民的食物消费价格一直呈现波动上涨的趋势。农村居民食物消费结构得到了优化，食物消费质量有所提升，但与城镇家庭还存在一定的差距。同时，我国农村家庭的食物消费支出呈现货币化趋势；不同收入水平的农村家庭食物消费质量和数量均呈现明显的差异，收入越高的家庭其食物消费质量越高，同时其货币性食物支出也越高。这说明农村家庭的食物消费活动受市场价格影响的可能性越来越大。

　　此外，本书还通过中国健康与营养调查的 4 轮调查数据分析了农村家庭的营养摄入及其来源状况，结果表明，农村家庭的能量摄入基本达到了国家推荐的摄入量，但蛋白质摄入量仍然不高。在食物来源方面，谷类食物在其能量和蛋白质摄入的来源中占比呈现逐年降低的趋势，动物性食物和豆类等占比越来越大，这说明农村家庭的营养来源呈现多元化趋势。

C
HAPTER

第四章

中国农村家庭营养脆弱性的测度

营养脆弱性是衡量脆弱群体福利的一个重要方面。所谓营养脆弱性，一般是指缺乏正常生活需要的食品营养摄入的概率（National Research Council，1986）或者是忍受营养相关的患病率或死亡率（Davis，1996）。本书的主要目的是分析食物价格的波动及其他市场因素对农村人口营养摄入的影响，尤其是对脆弱群体的影响。因此，首先需要测度农村家庭的营养脆弱性，进而识别哪些家庭是脆弱群体，分析食物价格波动对其营养摄入的福利影响。本章的具体内容结构如下：第一部分介绍了营养脆弱性的测度方法及影响因素；第二部分对计量模型所需要的数据及变量进行了描述和说明；第三部分给出了估计家庭食物消费分布的计量方法及结果分析；第四部分对家庭营养脆弱性进行了测度；最后为本章小结。

4.1 营养脆弱性的测度方法及其影响因素分析

4.1.1 营养脆弱性的测度方法

本章对居民营养脆弱性的测度主要基于营养贫困（nutritional poverty）的角度。我们主要通过测度家庭的每标准人日的能量摄入量来考察家庭的营养脆弱性。具体方法如下：

我们将 Christiaensen（2000）和 Rajadel（2002）所建立的从食品消费角度测度贫困脆弱性的方法进行了改进。此方法基于 Sharpiro - Wilk 的正态分布检验，采用了人均食品消费呈对数正态分布的假设，然后根据家庭的特征估计出食品消费的事前均值和标准差，进而在此基础上计算贫困脆弱性。该模型以 FGT（1984）的贫困衡量方法为基础，给定家庭在 t 时期时的贫困脆弱性可以表示为：

$$V_t^\alpha = \int_0^z (z - c_{t+1})^\alpha f_t(c_{t+1})\, d\, c_{t+1} \qquad (4.1)$$

其中 c_{t+1} 为家庭未来的每标准人日的食物摄入消费热量，z 为给定的营养贫困线（nutritional poverty line，NPL），本书以国家设定的每人每日2400 大卡热量的最低营养需求作为营养贫困线标准。f_t 是家庭未来的每标准人日的食物摄入热量事前概率分布函数。当 $\alpha = 0$ 时，V_t^0 就是 t 期的家庭未来的每标准人日食物摄入热量将会降低至营养贫困线之下的概率。如果家庭的食物热量摄入量低于营养贫困线的概率超过了一个限度 τ 时，就认为该家庭是营养脆弱的。此处，本书以当地家庭中每标准人日热量摄入低于 2400 千卡的比率作为 τ 的值。当 $\alpha = 1$ 时，V_t^1 就是测度未来的食物热量摄入水平和营养贫困线之间的差距。确定了 τ 和 z 之后，我们要想测度营养脆弱性就需要知道家庭事前每标准人日的食物热量摄入的分布。我们通过跨期模型（inter - temporal）来测度事前均值和方差。

要估计家庭事前每标准人日的食物热量摄入的分布情况，就需要明晰影响其食物消费和热量摄入的因素有哪些。Christiaensen（2000）通过模型推导证明，家庭食物消费的事前的均值和方差的主要受三方面因素影响：收入分布，储蓄和借贷（已有资产、未来预期收入、未来收入的波动、风险厌恶、时间偏好）以及保险（面临风险冲击时平滑消费的能力）等。家庭特征中的不同因素对消费的方差和均值影响不同。下面将基于基本的消费者理论分析影响家庭食物消费的主要因素，进而确定具体的计量模型和变量。

4.1.2　影响营养脆弱性的因素分析

传统的消费者需求理论认为单个消费者或者家庭所消费的商品种类和数量是受到其收入水平、商品价格以及个人和家庭特征（比如年龄、受教育程度、家庭规模等）所决定的，同时其消费也会受到其周围环境和制度的影响，比如市场环境等。因此，在分析消费者需求时，主要是分析个人或家庭如何在给定的收入和价格的情况下，最优其消费选择。

需要指出的是，个体消费者或家庭在进行消费时难免会受到一些来自自身因素、自然条件、市场环境以及制度等方面的风险冲击，比如市场价格波动、家庭成员生病、旱涝灾害等。这些因素会在一定程度上影响家庭的资产禀赋，并带来家庭实际收入水平的变化。为了保证消费水平，尤其是食物消费免受或者少受这些风险因素的冲击，家庭往往会采取平滑收入和消费做法，比如通过借贷、接受补贴或者收入多元化等手段。这些手段中有些是在风险发生之后进行的消费平滑，比如借贷、补贴等；有些则是为了预防风险的发生而采取的收入平滑，比如收入多样化等，这一点在农村尤为突出，很多农户都有兼业情况，除了农业收入之外，他们还尽量通过其他途径增加收入。基于以上分析可知，影响农户家庭营养脆弱性的因素既包括影响其食物消费的因素，也包括影响其应对消费风险而采取的相应措施。具体而言，主要包括以下几个方面：

（1）家庭收入。家庭收入情况是影响农户家庭消费的最重要的约束，在一定程度上决定了农户的消费水平。在食物消费方面，表现为收入越高，就意味着其获得更多、更好的食物的可能性越大。此外，家庭收入越高，就意味着其应对价格冲击和其他风险冲击的能力就越强，家庭营养脆弱程度就越低。相反，如果收入水平低，那么在面临风险时，其维持原有消费水平的能力就越差，即其家庭营养摄入就越脆弱。这也是在很多文献中为什么将一些低收入家庭直接看作是脆弱性群体的原因所在。

（2）家庭人力资本。家庭人力资本状况是影响其收入水平以及潜在收入能力的重要因素。家庭人力资本主要包括家庭成员人数、性别构成、年龄结构、受教育水平等。人力资本对于家庭营养脆弱性的影响是多方面的。从劳动力的人数和受教育水平而言，劳动力人数越多，受教育水平越高，就意味着该家庭获得潜在收入的能力越高，其应对风险和冲击的能力就越强；相反，如果一个家庭中的老人和儿童比例过高，他们对家庭的收入贡献很小，但消费需求却不低，因此，这样的家庭应对风险和冲击时就会显得更为弱势。

（3）家庭生产资本。与家庭人力资本的作用类似，家庭生产资本的拥有量反映了一个家庭的生产禀赋和潜在收入能力。尤其是对于农村家庭而言，类似于拖拉机、浇灌机以及一些小作坊里使用的相关生产资料，对于他们增加农业产出、提高收入具有更为重要的意义。因此，从理论上而言，家庭生产资本拥有量的提高也有利于增强家庭应对风险和冲击的能力。

（4）家庭收入多元化水平。"不要将鸡蛋放入同一个篮子中"，这是分散风险的重要原则。作为农户而言，其农业生产受自然气候条件以及市场价格波动的影响较大。因此，为了降低相关风险的冲击，多元化收入途径就成为必然选择。在实际生活中，我们也会发现，由于农业生产在劳动力和时间投入上的特殊性，很多农户都会选择兼业，增加收入来源。而且，在一定收入水平下，收入多元化水平较高的家庭，其收入来源更灵活，更不易受到一些诸如旱涝灾害等风险的影响。

（5）保险机制。众所周知，保险机制的设计正是为了减少一些未知风险给人们所带来的财产损失。无论是农业保险还是医疗保险，都会在一定程度上增强人们应对风险冲击的能力，使其消费水平和收入水平不至于因为风险冲击而受到过度损失。当然，除了农户家庭个体的这些保险措施，还应该建立一些社会补贴和保障措施。就家庭食物消费而言，在价格上涨时期或者食物供给紧缺时，由政府提供专门的食物补贴无疑对于维持家庭食物消费水平会起到重要的作用。这些补贴措施也会在一定程度上缓冲风险冲击所带来的负面影响。

（6）市场条件。在粮食安全中，脆弱性的概念主要是由阿玛蒂亚·森在对饥荒的分析时提到的。森（2001）认为饥荒不仅仅是食物供给缺乏的问题，并且可能是人们对获取食物的权利受到了限制。因为距离市场较远以及市场发育不成熟都会增加人们获取充足且多样性食物的成本。即使在粮食供应充足的情况下，能否通过市场获得粮食和其他食品的供应也是影响人们食物安全保障的重要因素（朱晶，2003）。基于此，本书认为在市场条件，尤其是市场发育状况对于农村居民而言，也是影响其营养脆弱性的重要因素。一般来说，离市场越近，就意味着购买到食物的可能性就越大；市场规模越大，其购买到多种食物的可能性就越大。

综上所述，本章讨论和分析的家庭营养脆弱程度的影响因素主要集中于个体家庭自身的一些特征和相关的经济因素，暂时不特别考虑价格对其脆弱性的影响。理由是，价格波动是家庭营养摄入过程中受到的外来冲击和风险，而不是其是否脆弱的原因。其脆弱与否或脆弱程度主要是指个体家庭自身应对冲击的能力，因此更多的是指前面所提到的与家庭收入水平、收入能力以及平滑消费的可能性相关的因素。

4.2　数据来源及变量描述

本书主要使用的是中国健康与营养调查（China Health and Nutrition Survey，CHNS）2006 年和 2009 年的调查数据。CHNS 数据样本覆盖了东部、西部和中部具有代表性的 9 个省份。调查采用整群、多阶段随机抽样的方法，每年大约抽取 4400 个左右的家庭，15000 余个人。调查内容包括家庭收入、家庭成员个人特征、食物消费以及社区价格等方面的数据。

根据前面的脆弱性测度方法可知，本书在经验研究中主要估计 $t+1$ 期家庭食物消费的均值和方差的系数，而主要使用的数据来自前一期，即 t 期的数据。即我们所用到的因变量为 $t+1$ 期的营养摄入量，而涉及的各个解释变量均为 t 期的家庭特征、收入以及其他环境因素等。因此，我们需要将 2006 年的调查数据与 2009 年的调查数据进行匹配，除去异常值以及缺失值之外，最终进入计量模型的共为 2693 个样本。本章之后的数据描述和计量分析均以此样本为准。

在本章中，主要使用 2009 年家庭的每标准人日的能量摄入量作为因变量，暂不考虑蛋白质等营养成分的摄入。按照已有的文献研究和实际情况来看，足够的能量摄入是人体最基本的营养需求。只有在保证了最基本的能量摄入的基础之上，才会考虑提高食物消费的质量，比如增加蛋白质的摄入量等。因此，对于本章的研究目的而言，暂时只将能量摄入作为主要的因变量考虑。CHNS 数据库中已经给出了调查日内家庭用餐的所有人的人日数，并记录了其年龄、性别和体力活动水平。本书在计算家庭三日食物消费量的基础上，根据《中国食物成分表（2004）》提供的食物代码和食物营养成分组成，将消费量折算为营养摄入量。同时，为了使不同特征的家庭营养水平具有可比性，本书根据不同年龄、性别和体力活动水平将其折算成标准人日数[①]，计算家庭的每标准人日数的营养摄入量。在具体考察过程中，为了减少异常值的影响，本书舍去了大于 5 个标准差以外的样本。从表 4 - 1 中，我们可以看出，在所有家庭中的每标准人日的能量摄入量均值为 2400 千卡，基本达到了国家建议的营养摄入量水平。但不容忽视的是，在这些样本中，仍然有 1658 个家庭的每标准人日能量摄入量不足 2400 千卡，占所有样本的 61.6%。这说明农村家庭间的营养摄入量并不均衡。

本章所用到的解释变量主要是样本家庭在 2006 年的情况。根据前面分析所得可知，影响家庭食物消费和营养摄入脆弱性的主要因素都与其收入水平、潜在的收入能力以及平滑消费和收入的可能性有关。因此，我们在选择具体的变量时，也基本围绕这几个方面展开。

第一，影响家庭食物消费的最重要因素就是其收入水平。因此，本书选择 2006 年的家庭人均净收入作为首要的解释变量。在具体数据处理中，本书同样舍去了大于 5 个标准差的异常值以及少量存在负收入的家庭样本。同时，为了考察收入波动对农户家庭营养摄入的影响，我们还将家庭收入水平的方差放入了模型之中，其方差越大，代表家庭收入波动越大。

第二，家庭的人力资本也是影响家庭潜在收入能力的重要因素。本书主要选择了几个变量来考察家庭人力资本情况。一是家庭规模和家庭结构。家庭规模主要是指家庭目前所有人口数，家庭结构主要包括家庭中 16 岁以下儿童的比例和 60 岁以上老人的比例；二是家庭成员的平均受教育水

---

① 中国营养学会（2000）提供了不同性别、年龄和体力活动水平的居民膳食营养素参考摄入量，张印午（2012）提供了具体的折算过程。

平。三是户主的年龄、年龄的平方以及户主的性别。①

第三，除了考察影响收入的相关因素之外，本书还考察了影响其平滑消费和收入的相关因素，即收入多元化水平和自给自足能力。其中，本书通过非农业收入占家庭总收入的比重作为收入多元化水平的代理变量。这里的非农业收入是除去种植、渔业、畜牧业等各类农业生产的总和之后，其他所有收入占总收入的比例。受土地等生产条件的限制，农民难以通过农业收入来实现自身收入的持续增加，非农就业就成为农民增加收入的重要途径（张车伟、王德文，2004）。因此，非农收入比重在一定程度上可以代表其增加收入的能力。其占比越高，就意味着农户越具有增加收入的可能。对于农户的营养摄入而言，也就意味着其营养摄入能力也可能会随着收入的增加而增强；但另一方面，非农收入比重越高也意味着其参与市场的程度越深，对农业生产的自身依赖越弱，其营养摄入更容易受到市场波动的影响。在实际中这两个方面孰轻孰重，并不能简单做一个判断。

此外，本书还计算了家庭的自给自足能力，即将家庭在各类农业生产中（如种植、畜牧、家禽等）用于自己消费部分的市场价值与其各类农业生产的总收入相比，其比值即为家庭的自给自足能力。② 本书认为，自给自足率对于农户的营养摄入而言，其代表了两个方面的含义：一是对自身农业生产的依赖性。自给自足率越高，则意味着家庭食物消费的灵活性和多元性不足；二是对市场风险的规避程度。自给自足率越高，也意味着家庭在日常食物消费过程中不易受到市场价格波动的影响，可以适当规避由于食物价格波动给家庭食物消费带来的负面影响。但是，在实际中这两个方面孰轻孰重，并不能简单做一个判断。

在考察市场条件方面，本书主要选择两个代理变量，一是离家最近的自由市场的位置，即"社区距离最近的自由市场有多远"，以此来代表农村居民购买食物的可实现性；二是自由市场的规模，用"距离最近的自由

---

① 在具体的计量分析中，我们还参考已有文献，考察了户主年龄的平方项。

② 在具体的处理过程中，由于蔬菜水果的自给消费数据缺失，同时养鱼业占的比例非常小，因此在计算家庭自给自足率的时候，只算种植业的消费数量和肉类的消费数量。

市场中，商贩摊位有多少家"来衡量，因为摊位越多就意味着提供多种食物的可能性就越大。当然，对于农户而言，市场发育状况还有另一重要的含义，即意味着其农产品变现的可能性，距离市场越近，市场规模越大，其销售农产品，获得多途径收入的可能性就越大。

需要指出的是，本书在解释变量中并未涉及有关家庭生产资料等方面的变量，这样做的主要原因有以下几个方面：一是 2006 年样本中涉及灌溉农机、拖拉机以及相关的小作坊的小型机械等价值的数据有限，样本最多的变量不过 400 个，再与 2009 年的样本进行匹配后，样本损失更大；二是根据实际观察来看，凡是独立拥有上述机械设备的家庭，一般收入水平较高，而本书更多的是关注那些低收入家庭和脆弱性家庭。基于以上两点，在选取变量过程中，我们并没有像已有的研究不发达国家的文献那样，将生产资料纳入分析框架，而是直接使用家庭收入水平作为家庭收入能力的一种代表。

除了以上几个主要变量以外，本书还分省设置了地区虚拟变量，以控制地区因素。

有关主要变量的统计性描述见表 4 – 1。

表 4 – 1　　　　　　　　变量描述结果

变量含义（单位）	变量名称	观察值	均值	标准差
2009 年每标准人日能量摄入（KJ）	he	2693	2401	1681
2006 年的家庭人均收入（元）	hhinc_ pc06	2693	4364	4196
家庭规模（人）	hsize	2693	3. 226	1. 389
0 ~ 16 岁儿童占家庭总人口比例（%）	age_ 016	2693	14. 2	18. 1
60 岁以上老人占家庭总人口比例（%）	age_ 60	2693	18. 1	30. 2
户主的年龄（岁）	age	2693	41. 57	20. 41
家庭成员平均受教育年限（年）	edu_ ave	2693	5. 819	2. 637
户主的性别（男性 = 1，女性 = 0）	head_ m	2693	0. 918	0. 275
农产品自给自足率（%）	conself_ per	2693	13. 5	14. 5
非农收入占总收入的比例（%）	nonagr_ inc	2693	41. 4	33. 7
家庭所在地与最近的自由市场的距离（千米）	d_ f market	2693	3. 944	5. 28

续表

变量含义（单位）	变量名称	观察值	均值	标准差
最近的自由市场的规模（摊位个数）	s_ f market	2654	114.9	107
辽宁（是=1，否=0）	d1	2693	0.0323	0.177
黑龙江（是=1，否=0）	d2	2693	0.182	0.386
江苏（是=1，否=0）	d3	2693	0.126	0.332
山东（是=1，否=0）	d4	2693	0.0928	0.29
河南（是=1，否=0）	d5	2693	0.143	0.35
湖南（是=1，否=0）	d6	2693	0.1	0.3
湖北（是=1，否=0）	d7	2693	0.0843	0.278
广西（是=1，否=0）	d8	2693	0.113	0.317
贵州（是=1，否=0）	d9	2693	0.126	0.331

4.3 家庭未来食物消费的事前分布的计量方法及估计结果分析

4.3.1 计量方法概述

基于前面的脆弱性测度方法的介绍及相关影响因素的分析，本书接下来便需要确定 $t+1$ 期营养摄入的事前分布函数。我们主要基于 Sharpiro - Wilk 的正态分布检验，采用了每标准人日的食物热量摄入呈对数正态分布的假设。并通过跨期模型（inter - temporal）来测度事前均值和方差。具体的计量方法如下：

本章的理论模型主要来自 Grossman（1972）的健康需求理论，在这一理论框架下，个人通过自身的时间投入、人力资本投入和购买相关产品来获得自身的效用，该效用函数包括健康（H）、闲暇时间（L）和其他商品（Z）的消费。此处将家庭每标准人日能量摄入量（CalCg）看作是健康水平，那么，效用函数可以表示为 U = U(CalGg，L，Z)。其中将家庭每标准人日能量摄入（CalCg）示为：

$$CalCg = C(N_1, N_2, \cdots, N_k, X; \varphi, \mu) \qquad (4.2)$$

其中N_i表示个人所消费的各种食物量，X 表示家庭特征，例如户主的年龄、教育水平、家庭结构、参加保险情况等；φ 是可能影响食物消费的外生变量，如地区、市场化水平等；μ 为不可观察的其他影响因素。

家庭最大化效用的约束条件即为家庭的收入水平 Y。[①] 通过拉格朗日函数可以得到最大化效用的消费函数：

$$Q^* = Q^*(Y, \varphi, \mu) \tag{4.3}$$

我们将（4.3）代入（4.2）中即可得到

$$\mathrm{CalCg}^* = C^*(X, Y, \varphi, \mu) \tag{4.4}$$

此式表明家庭的能量摄入量受到收入、家庭特征和一些外生因素的影响。

在以上理论的基础上，我们可以构建计量经济模型：

$$\ln(\mathrm{CalCg}_{t+1}) = \alpha_0 + \alpha_1 Y_t + \alpha_x X_t + \alpha_\varphi \varphi_t + v \tag{4.5}$$

我们的最终目的是为了得到该计量模型的事前均值和方差，因此，按照 Luc J. Christiaensen（2000）的做法，我们构建一个随机的消费函数：

$$\mathrm{CalCg}_{i,t+1} = f(X_{i,t}; \alpha) + h^{\frac{1}{2}}(X_{i,t}; \beta) * e_{i,t+1} = f(X_{i,t}; \alpha) + u_i \tag{4.6}$$

其中，$X_{i,t}$表示前面所提到的各影响因素，$e_{i,t+1}$是一个零均值的扰动项，即 $E(e_{i,t+1}) = 0$，

$E(e_{i,t+1}, e_{k,t+1}) = 0 (i \neq k),$，且 $V(e_{i,t+1}) = \sigma^2$。

事前均值和方差可以通过对（4.6）式求条件均值和条件方差得到：

$$E(C_{t+1} | X_t) = f(X_t; \alpha), 且 \frac{\partial E(C_{t+1} | X_t)}{\partial X_{j,t}} = \partial f(X_t; \alpha) / \partial X_{j,t} \tag{4.7}$$

$$V(C_{t+1} | X_t) = h(X_t; \beta) \times \sigma_e^2 且 \frac{\partial E(C_{t+1} | X_t)}{\partial X_{j,t}} = \left(\frac{\partial h(X_t; \beta)}{\partial X_{j,t}} \right) \times \sigma_e^2 \tag{4.8}$$

为了简化计量过程，假设 $f(X_{i,t}; \alpha)$ 是线性函数，即前面的方程（4.5）。我们假设 $h(X_t; \beta)$ 的表达式为

$$C_{i,t+1} = X'_{i,t} \alpha + u_{i,t+1}, \quad V\left(\frac{\ln he_{t+1}}{X_t} \right) = X'_t \beta \tag{4.9}$$

[①]　由于本章分析的是家庭营养脆弱的程度，因此，在约束条件中我们暂时不考虑价格因素。

它的扰动项分布是异方差的，即：

$$V(U_{i,t+1}|X_{i,t}) = \sigma_i^2 = \sigma_e^2 \times \exp(X'_{i,t}\beta) \qquad (4.10)$$

β 和 α 可以通过广义最小二乘法（Feasible Generalized Least Squares，FGLS）估计得到。未来食物消费的事前均值和方差可以通过 $\overline{\alpha}$ 和 $\overline{\beta}$ 获得：

$$\overline{\mu_{lnci,t+1}} = X_{it}\overline{\alpha} \text{ 和 } \overline{\sigma_{lnci,t+1}^2} = X_{it}\overline{\beta} \qquad (4.11)$$

4.3.2　估计结果分析

表4－2给出了2009年（即 $t+1$ 期）家庭能量摄入量的条件均值和条件方差的 FGLS 回归的估计结果。从各决定因素系数的总体来看，整体回归结果的解释里还是不错的，大多数变量系数的显著性都与本书的预期及实际情况相一致。具体而言，主要有以下几个方面的发现。

表4－2　　　　2009 年农户家庭每标准人日能量摄入的条件均值
和条件方差的 FGLS 估计结果

	$E(\ln he_{t+1}/X_t) = X'_t\alpha$		$V(\ln he_{t+1}/X_t) = X'_t\beta$	
	系数	t 统计量	系数	t 统计量
家庭收入	0.0387	1.07	0.351 ***	3.60
家庭收入方差	－ 0.00485	－ 0.37	0.122 ***	3.54
家庭规模	－ 0.123 ***	－ 11.19	0.0586 ***	3.17
16 岁以下儿童占比	0.0269	0.26	－ 0.103	－ 0.53
60 岁以上老人占比	0.327 ***	5.15	－ 0.196 *	－ 1.66
户主的年龄	0.000322	0.11	－ 0.00474	－ 0.87
户主年龄的平方	0.0000102	0.27	0.0000528	0.82
家庭平均受教育年限	0.0355 ***	5.53	－ 0.0515 ***	－ 4.02
户主性别为男性	－ 0.129 **	－ 2.29	－ 0.0900	－ 1.24
非农收入占比	－ 0.0297	－ 0.51	－ 0.167 *	－ 1.67
自给自足率	－ 0.407 ***	－ 3.36	0.769 ***	3.47
市场距离	－ 0.0359 *	－ 1.85	0.157 ***	5.10
市场规模	0.0943 ***	5.70	－ 0.0599 **	－ 2.55
辽宁（是 =1，否 =0）	0.0211	0.28	0.0483	0.49
黑龙（是 =1，否 =0）	－ 0.203 ***	－ 3.98	－ 0.151 **	－ 2.07
江苏（是 =1，否 =0）	－ 0.00307	－ 0.05	0.243 **	2.49

续表

	$E(\ln he_{t+1}/X_t) = X'_t\alpha$		$V(\ln he_{t+1}/X_t) = X'_t\beta$	
	系数	t 统计量	系数	t 统计量
山东（是 = 1，否 = 0）	− 0.230 ***	− 3.71	0.217 *	1.83
河南（是 = 1，否 = 0）	− 0.0781	− 1.29	0.189 **	2.26
湖南（是 = 1，否 = 0）	− 0.0520	− 0.83	0.223 **	2.46
湖北（是 = 1，否 = 0）	− 0.160 **	− 2.57	− 0.0809	− 1.05
广西（是 = 1，否 = 0）	− 0.294 ***	− 4.62	0.340 ***	2.83
常数项	7.283 ***	23.17	− 2.237 ***	− 3.00
R^2	0.1832		0.0965	
F 统计量	21.87		8.66	

注：括号内为 t 统计量，*、**、***分别表示在10%，5%和1%的水平下显著。

（1）家庭人均收入水平及其波动情况对于家庭能量摄入均值的影响虽然并不显著，但从系数上可以看出，家庭人均收入水平对其影响为正。这说明，高收入家庭的能量摄入也较高，相反，家庭收入低的家庭营养摄入也相应较低。同时，家庭收入方差对能量摄入水平的影响系数为负，这说明，相对于收入稳定的家庭而言，收入水平不稳定的家庭的能量摄入水平更低。

对于营养摄入的方差而言，家庭人均收入的波动情况具有显著的正的事前方差系数。也就是说，家庭人均收入水平的波动越大，其应对风险冲击的能力就越差，因此家庭营养摄入也就更容易陷入脆弱的境地。但与本书之前的理论分析不一致的地方在于，家庭收入水平对于能量摄入的方差影响也显著为正，这说明，收入越高的家庭，其食物消费和营养摄入波动变化也越大。我们推测造成这一结果的原因可能是与家庭的食物消费模式及其营养结构变化有关。随着收入水平的提高，当基本的能量摄入可以满足需求之后，人们更愿意消费高质量的食物，因此其能量摄入水平变化也就更大一些。当然，这仅仅是本书的一种猜测，需要进一步的证据验证。

（2）家庭规模对家庭能量摄入的均值有显著的负影响，家庭规模越大，其家庭每标准人日的能量摄入越低。同时，家庭规模与能量摄入的方差呈显著正相关关系，即家庭规模越大，能量摄入量的变动就越大，也就是说规模较大的家庭更易受到风险的冲击，其营养摄入也就更脆弱。这也与本书之前的预期是一致的，人口越多的家庭，其消费负担越重，一旦受到收入或其他的风险冲击，就很难维持整个家庭的消费水平，保证应有的营养水平。

（3）家庭成员的平均受教育水平与之前的预期也基本一致。受教育水平越高的家庭，其能量摄入量越高，而且能量摄入的方差变动系数也显著为负。这在一定程度上印证了教育水平对于人力资本积累的作用以及对收入水平的影响。教育水平越高，就意味着其接受新技术，从事非农业工作的可能性就越大，因此，其收入途径就越多，就越可能增加收入，以应对风险的冲击。因此，从这个意义上说，提高农户的受教育水平也是减少其脆弱性的重要手段。

（4）需要特别注意的是，户主性别这一变量的系数为 - 0.129，且在5%的水平下显著。这表明男性户主的家庭比女性户主的家庭能量摄入量均值要低。根据已有的文献研究[①]和现实观察可知，造成这一结果的主要原因是女性户主要比男性户主更注重家庭的食物消费和营养摄入，她们更愿意将有限的收入用于家庭的基本生活需求方面，尤其是注重满足家庭中儿童和老人的营养需求。相比之下，男性户主则更愿意将收入用于生产或其他方面。但男性户主对于能量摄入方差的影响虽然为负，但并不显著。这说明，男性户主家庭在遭受风险冲击时，其能量摄入波动程度并没有显著比女性户主家庭低。也就是说，模型并没有足够证据支持女性户主家庭比男性户主家庭更脆弱，在已有的文献中，对此问题也并没有一致的结论。[②]

[①]　Behrman（1992，1997）对家庭内部对营养摄入的分配问题进行了很好的综述。Thomas（1990）认为母亲具有控制权的家庭比父亲控制权的家庭更关注儿童的健康和营养摄入。

[②]　Stephen 和 Douning（2001）以及世界银行（2012）也曾指出一些特定人群，如妇女为户主的家庭、老人、5 岁以下的儿童、失能者等，由于自身社会经济条件所限，成为更脆弱的群体。但 Christiaensen（2000）对马里的研究却得到了相反的结论，认为女性户主的家庭脆弱性较小，原因是因为她们更容易获得社会救助，并通过女性户主与家庭食物的赠予的交互项得到了验证。

（5）对于收入多化方面，表4-2的结果表明，非农收入比例对于家庭的能量摄入均值影响不显著，但对能量摄入的方差影响在10%的水平下显著。这一结果与我们之前的预期是相一致的，即家庭的非农收入比例提高有利于降低风险对家庭消费的冲击，减少其营养脆弱性。

而就自给自足率来看，其对家庭的能量摄入均值的影响显著为负，说明自给自足率越高的农户其能量摄入均值越低；同时，自给自足率对农户的能量摄入的方差影响也显著为正。本书之前的分析指出，自给自足率对于农户营养摄入而言具有两方面的影响：一是减少其受市场价格波动的影响；二是表明其对农业依赖过大，容易受到收入波动的冲击。就目前的回归结果来看，后者的负面效应更强一些。也就是说，自给自足率越高的农户实际上越为脆弱，这与我们的现实观察也基本是一致的，即过于依赖农业收入，自给自足率高的农户往往处于较低的收入水平，其食物消费相对单一，因而其营养摄入水平相对较低，也更易受到风险的冲击。

（6）市场条件对于农户能量摄入均值和方差的影响基本符合本书的预期。从结果来看，与自由市场的距离对于农户能量摄入均值和方差的影响均很显著，其中对能量摄入均值的影响为负，而对其方差的影响为正。这说明，距离自由市场越远，其能量摄入均值越低，而面临风险冲击时其营养脆弱性越大。这与本书之前的分析是相一致的，即距离市场越远，其获得多种食物的成本就越高，增加了其消费成本；同时农户将农产品变现的可能性就越低，这会直接约束家庭收入水平的增加。当遭遇风险冲击时，家庭就会面临消费和收入的双重限制，就会越脆弱。相反，市场规模对于农户的能量摄入均值的影响是显著为正的，说明附近市场规模越大，农户就越容易获得较好的能量摄入条件；而市场规模越大，对于农户的能量摄入方差影响显著为负。可以预见，市场规模的大小对于增强农户的营养摄入水平，提高其应对风险的能力也会发挥越来越大的作用。

此外，回归结果中还分析了孩子和老人的数量比例对于家庭能量摄入的均值和方差的影响。只有老人比例较高的家庭，其每标准人日的能量摄入的均值显著较高，且对能量摄入的方差影响显著为负。这可能与农村家庭中大多数60岁以上的老人仍然参与一定的生产活动，对家庭有一定的收入贡献有关。

4.4　中国农村家庭营养脆弱的测度

从前面的营养脆弱性的测度方法介绍中可知，家庭营养脆弱性（V）的测度需要知道家庭未来食物消费的事前分布概率，还需要一个卡路里的限值，以及区分家庭脆弱与否的判断标准，即一个概率限值。通过前面计量部分的估计已经知道了家庭未来食物消费的均值和方差，要想通过估计结果得到其具体的概率分布，还必须假设家庭的未来食物消费符合一定的参数分布，比如正态分布。[①]

通过 J－B 正态分布检验，对2009年每标准人日能量摄入值的分布进行检验。检验结果表明，并不能完全拒绝其符合对数正态分布的可能。通过 Kernel 核密度可以发现，虽然对于所有家庭而言，家庭每标准人日能量摄入并不是绝对呈正态分布形式，但是对于大部分家庭而言，基本是呈正态分布的。因此，对于本书的研究而言，对数正态分布符合我们对于大部分家庭，尤其是贫困家庭的分析需求，因而在后面的计算过程中，我们也按照 Rajadel（2002）、Christiaensen 和 Subbarao（2005）与 Zhang 和 Wan（2006）等文献的做法，接受事前家庭的食物消费服从对数正态分布的假设。

---

① 万广华等（2009）对脆弱性测度的概率密度函数获得途径进行了相关总结，指出文献中主要有两种做法：第一种方法即自举法（Bootstrap method），它是根据类似家庭的可观察特征以及过去消费的波动来生成一个未来收入的可能分布，并用它代替未来收入的未知概率密度分布（如 Kamanou 和 Morduch，2002）。第二种方法是事前直接假设未来的收入或消费服从某种分布，并根据家庭可观察特征、收入或消费量来估计这一分布中的相关参数（Rajadel，2002）。除此以外，还有人假设家庭消费的跨期变化服从正态分布（McCulloch 和 Calandrino，2003）；也有研究假设家庭现在与未来消费之间的差服从正态分布（Pritchet，2000）；还有基于历史上的冲击和度量误差都服从正态分布的假设（Mansuri 和 Healy，2001）。

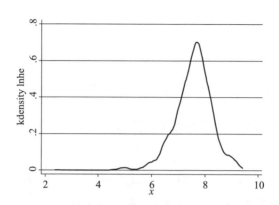

图 4 - 1 2009 年每标准人日能量摄入值 Kernel 核密度

在假设了家庭未来食物消费呈对数正态分布之后，我们需要进一步解决的问题就是通过估计所得的该分布的均值和方差，计算其概率分布。每个家庭的均值（μ）和方差（σ^2）都可以利用表 4 - 2 中所估计的系数，将各个家庭的实际观察值代入方程得到。在均值（μ）和标准差（σ）的基础之上就可以计算脆弱性。

根据式（4.2）可知，除了需要得到未来消费的事前均值（μ）和标准差（σ）以外，还需要设定一个营养贫困线 z。本书以国家设定的每人每日 2400 千卡热量的最低营养需求作为营养贫困线。那么式（4.2）实际就是，在假定能量摄入分布符合对数正态分布（μ，σ）的情况下，求出家庭能量摄入 $X < 2400$ 的概率，即 $V_0 = F(X < (\ln(2400)) \sim (\mu, \sigma)$[①]。根据正态分布的累积分布函数计算法则可知，$V_0 = F(7.649693) \sim (\mu, \sigma)$。据此可以计算出，当 $\alpha = 0$ 时，t 期的家庭未来的每标准人日食物摄入热量将会降低至营养贫困线之下的概率 V。

除此以外，本书还需要设定一个限制 τ，即如果家庭的食物热量摄入量低于营养贫困线的概率并超过了限度 τ 时，认为该家庭是营养脆弱的。此处，我们以模型所涉及的 2693 个样本中，每标准人日热量摄入低于

---

① 因为假定能量摄入分布是符合对数正态分布的，因此在 Z 在取值时也要相应取对数。

2400 千卡的家庭比率作为 τ 的值。[①] 据测算，这一比例为 61.6%，即 $\tau = 0.616$。如果一个家庭的 V_0 大于 0.616，就认为该家庭是营养脆弱的。

本书通过列联表将计算所得的脆弱性家庭结果与实际低于营养贫困线以下的家庭进行了比较，详见表 4 – 3。

表 4 – 3　　　　　家庭实际能量摄入量与营养脆弱性判断比较

2006 年是否属于营养脆弱性家庭	2009 年实际能量摄入量是否大于 2400 千卡		
	是	否	总和
是	357（13.75）	1002（38.61）	1236（47.63）
否	640（24.67）	596（22.97）	1359（52.37）
总和	997（38.42）	1598（61.58）	2595（100）
$\chi^2 = 148.0413^{***}$			

注：（1）括号内为该组家庭占总样本的比例，***表示在1%的水平上显著。（2）计算过程中，由于有 98 个家庭的方差预测值为负数，因此造成样本损失，最终计算样本为 2595，而非 2693。

从表 4 – 3 可以看出，2006 年营养脆弱的家庭在 2009 年实际摄入量仍然不足 2400 千卡的一共有 1002 户，占所有样本的 38.61%，而 2006 年没有营养脆弱的家庭而在 2009 年实际摄入量达到 2400 千卡的家庭有 640 户，占所有样本的 24.61%。这说明脆弱性的测度与实际营养摄入量之间有较高的一致性，前后一致的样本数达到了总样本数的 63.09%。这也表明本书所进行的脆弱性测度可以准确预测近 2/3 的家庭营养摄入情况。通过对脆弱家庭的关注，可以更好地避免他们在未来的消费中陷入营养不良的状况。而这也正是本书的研究目的之一。

4.5　本章小结

本章利用 CHNS 2006 年和 2009 年的数据，通过 FGLS 模型估计了样本家庭未来营养摄入的事前分布均值和方差。在计量分析的基础之上对农户

---

① 该限值的设定是相对主观的，有的文献直接以 50% 作为限值标准；有的则以当地的贫困发生率作为限值标准。

的营养脆弱性进行了测度，并将 2006 年脆弱家庭的划分与 2009 年实际营养摄入量进行了交叉列联表的分析。结果发现，现有的营养脆弱性测度能够准确预测 60% 以上农户样本的营养摄入情况。同时也印证了营养不良与营养脆弱并不是等同的概念，样本中有 13.75% 的家庭虽然并没有出现营养不良，但却属于营养脆弱群体。

在估计未来营养摄入的事前分布的模型中，本书发现以下几个因素对其营养脆弱性有重要的影响：

第一，家庭人均收入水平及其波动情况对于家庭能量摄入均值的影响虽然并不显著，但从系数上可以看出，家庭人均收入水平对其影响为正。这说明，高收入家庭的能量摄入也较高，相反，家庭收入低的家庭营养摄入也相应较低。同时，家庭收入方差对能量摄入水平的影响系数为负，这说明，相对于收入稳定的家庭而言，收入水平不稳定的家庭的能量摄入水平更低。

第二，家庭规模越大，其家庭每标准人日的能量摄入越低。而且，规模越大的家庭能量摄入量的变动就越大，其营养摄入也就更脆弱。

第三，因教育水平对人力资本积累的作用和收入水平的影响，教育水平越高，其营养摄入量越多，且应对风险的能力越强。

第四，由于女性户主要比男性户主更注重家庭的食物消费和营养摄入，因此男性户主家庭的营养摄入均值比女性户主更低，但其能量摄入的方差却显著为负。这说明，男性户主家庭在遭受风险冲击时，其能量摄入波动程度要比女性户主家庭低，换言之，女性户主家庭的营养摄入相对而言更为脆弱。

第五，对于收入多元化方面，家庭的非农收入比例提高有利于降低风险对家庭消费的冲击，减少其营养脆弱性。而就自给自足率来看，其对家庭的能量摄入均值的影响显著为负，说明自给自足率越高的农户其能量摄入均值越低；相反，自给自足率对农户的能量摄入的方差影响却显著为负，即自给自足率越高的农户实际上更为脆弱。

此外，本书还考察了市场条件对于农户能量摄入的影响，结果发现距离自由市场越远，其能量摄入均值越低，而面临风险冲击时其营养脆弱性越大。附近市场规模越大，农户就越容易获得较好的能量摄入条件，但是对方差的影响并不显著。

这些结果说明，要想增强农村家庭的营养摄入，降低其因风险冲击而遭受损失，预防农村家庭陷入营养贫困，不仅需要增加农户的人均收入，提高其教育水平，还应该加强农村市场建设，改善农村市场环境，提高市场化水平，同时也为农户提供更多的非农收入途径。

C
HAPTER

第五章

营养脆弱家庭食物安全的
影响因素分析

正如前几章分析所指出的，近年来，受国内外市场环境影响，我国的食物价格一直处于高位波动的状态。人们传统上都认为农户的食物消费大都是"自给自足"，因此受食物价格波动的影响较小。但经过前面的分析，我们已知在食物价格上涨的状况下，农户也会遭受福利损失。食物可获得性和食物获得能力是食物安全最基本的两个方面（朱玲，1997；肖海峰，2008）①，食物价格是影响低收入群体食品获取权的重要因素，但并不是唯一因素，除了价格因素以外，市场的发育程度也会影响到低收入群体的食物获取权。距离市场较远以及市场发育不成熟都会增加人们获取充足且多样性食物的成本（森，2001）。

一般来说，离市场越近，就意味着购买到食物的可能性就越大；市场规模越大，其购买到多种食物的可能性就越大。② 粮食生产的区域性与消费的分散性需要通过粮食的运输、传送来解决，在粮食总量供给充足、家庭或个人具备粮食获取能力的情况下，粮食能否顺利送达微观个体将决定其粮食安全的程度（黄春燕，2013）。因此，即使在粮食供应充足的情况下，能否通过市场获得粮食和其他食品的供应也是影响人们食物安全保障的重要因素（朱晶，2003）。而我国农村当前的食品供给市场大多仍然沿

①　食品的可得性指的是食物的产出和分配，即对于需求者存在着可供消费的食物；食物的获得权是指需求者对食物的拥有权或购买力。二者表达了食品的生产、销售和分配整个流程对于保障人类生存的意义（朱玲，1994）。

②　Kunreuther（1973）分析了商店及其规模对人们购买决策的重要性。他发现，由于低收入家庭面临的常常是小规模的商店，因此，其承担的食物价格要高于居住在大型连锁超市附近的高收入群体。低收入群体还会因缺乏良好的市场条件而购买更贵的却没有营养的食物（Steven，1995；ChanJin Chung and Samuel. L Myers JR，1999）。

袭着传统的"集市"模式，各地的市场条件参差不齐，甚至在一些偏远地区仍然缺乏便利的食品购买渠道，农村的食品供应无论从规模还是食品安全角度都存在很多问题，对农村居民食物安全保障产生重要影响。

基于以上背景，本书希望从营养摄入的角度，通过 CHNS 数据的实证分析，探寻食物价格以及社区市场条件对农村脆弱性家庭营养摄入的影响。因此，本章将在第四章分析的基础上，对营养脆弱性家庭特征进行识别，并且分析食物价格和市场条件对于营养脆弱性家庭的影响，这对于制定更有针对性的价格干预政策和完善农村食品供给市场条件具有重要意义，这也正是本章分析的目的所在。

5.1　营养脆弱家庭的基本特征

5.1.1　数据来源及变量描述

本书主要使用的是中国健康与营养调查（China Health and Nutrition Survey，CHNS）2006 年的调查数据。本章对农村居民营养水平的衡量主要通过家庭每标准人日的能量、蛋白质摄入量来实现，具体的数据处理方式已在前面章节有所介绍，在此不再赘述。相比已知的其他文献，本书采取的价格属于社区的客观价格，这更能代表当地的市场价格情况。CHNS 的社区调查中共涉及谷类、食用油、糖及主要调味品、蔬菜、水果、肉禽类、鲜奶及奶制品、鱼和豆腐等 9 大类共 39 种食物的价格，且分别包括大商场的零售价格和自由市场的价格。鉴于农村的消费行为大都集中在自由市场中，所以本书选择以自由市场价格作为农村市场价格的代表。同时，农村居民的营养摄入来源主要集中于米类、面类、食用油、蔬菜、豆制品、蛋类、肉类等食物，因此本书在实证分析中不考虑奶制品和水果等在农村中消费量相对较少的食物类别。

在各大类食物中，CHNS 给出了社区中具有代表性的几种食物的价格，本书将同类的不同食物价格进行加权，得到代表此类食物的统一价格。以蔬菜为例，家庭中具体消费的蔬菜种类达 200 余种，但社区数据中仅给出了白菜和油菜的价格，因此要得到具有代表性的蔬菜类的价格，就需要将白菜和油菜的价格进行加权。本书先通过食物代码，找出社区中白菜和油菜的消费量，然后将其加总，计算两种蔬菜各自的消费比重，以此作为加总两种价格的权重。其他类食物价格的均按此办法进行处理。具体的处理过程已在第一章中详细叙述，在此不再赘述。

在此，同样将市场规模和市场距离因素考虑在内，同时还控制了影响家庭营养摄入水平的其他重要因素，如家庭人均收入、家庭人口规模、家庭中 16 岁以下儿童的比重、家庭中 60 岁以上老年人的比重等家庭结构。此外，由于地区间饮食习惯存在差异，因此本书还分省设置了地区虚拟变量，以控制地区因素。有关主要变量的统计性描述见表 5 – 1。

表 5 – 1　　　　营养脆弱家庭与非脆弱家庭的相关统计描述对比

变量含义（单位）	变量名称	脆弱性家庭		非脆弱性家庭	
		均值	标准差	均值	标准差
2006 年每标准人日摄入热量（KJ）	he06	1692	834.8	2237	805.2
2006 年每标准人日摄入蛋白质（克）	hp06	53.06	26.89	68.56	28.08
2006 年家庭人均收入（元）	hhinc_ pc06	4025	4156	4957	4716
户主性别（男 =1，女 =0）	head_ m	0.934	0.249	0.89	0.313
户主年龄（岁）	age	36.77	21.38	48.49	17.39
户主的受教育水平（年）	edu_ year	6.19	3.678	5.883	3.65
家庭的平均规模（人）	hsize	3.919	1.337	2.28	0.799
家庭中 16 岁以下儿童的比例	age_ 016	0.209	0.189	0.0646	0.138
家庭中 60 岁以上老人的比例	age_ 60	0.144	0.23	0.244	0.375
家庭自给自足率	conself_ per	0.149	0.156	0.124	0.115
每公斤大米价格（元）	rice_ p	1.36	0.183	1.329	0.187
每公斤小麦价格（元）	wheat_ p	1.664	0.68	1.419	0.369
每公斤食用油价格（元）	oil_ p	4.564	2.045	4.048	1.706
每公斤鸡蛋价格（元）	egg_ p	3.622	1.244	3.336	0.988
每公斤蔬菜价格（元）	vegetable_ p	0.806	0.407	0.751	0.351
每公斤水果价格（元）	fruit_ p	1.706	0.538	1.619	0.559

变量含义（单位）	变量名称	脆弱性家庭		非脆弱性家庭	
		均值	标准差	均值	标准差
每公斤大豆价格（元）	bean_p	1.207	0.416	1.065	0.312
社区中农业劳动力的比重（%）	o42	57.73	25.86	47.76	25.36
家庭所在地与最近的自由市场的距离（公里）	d_f_market	5.041	7.562	3.305	4.198
最近的自由市场的规模（摊位个数）	s_f_market	126.2	123.9	155.9	123.2
辽宁省（是=1，否=0）	d1	0.0559	0.23	0.0855	0.28
黑龙江（是=1，否=0）	d2	0.102	0.303	0.0176	0.132
江苏省（是=1，否=0）	d3	0.101	0.302	0.343	0.475
山东省（是=1，否=0）	d4	0.0594	0.236	0.102	0.303
河南省（是=1，否=0）	d5	0.147	0.354	0.178	0.383
湖南省（是=1，否=0）	d6	0.0594	0.236	0.0801	0.272
湖北省（是=1，否=0）	d7	0.15	0.357	0.0706	0.256
广西壮族自治区（是=1，否=0）	d8	0.289	0.453	0.111	0.315
贵州省（是=1，否=0）	d9	0.0361	0.187	0.0122	0.11
样本量		794		737	

数据来源：根据 CHNS（2006）数据整理得到。

5.1.2 营养脆弱家庭的基本特征总结

我们在前一章的分析中已经通过脆弱性测度方法将脆弱性家庭进行了区分，将家庭未来食物消费陷入营养贫困线以下的概率大于61.6%（即样本中家庭能量摄入低于2400千卡的比例）的家庭认定为脆弱性家庭，而低于该概率的家庭则为非脆弱性家庭。为了更好地识别脆弱性家庭，我们有必要对脆弱性家庭的特点进行简单总结。

表5-1给出了2006年脆弱性家庭和非脆弱性家庭的相关变量的统计描述，从结果中我们可以看出，脆弱性家庭在以下几个方面与非脆弱性家庭有较为明显的区别：

（1）从家庭营养摄入情况来看，脆弱性家庭的平均每标准人日的能量、蛋白质和脂肪摄入量均较低。脆弱性家庭的能量摄入均值仅为1692千卡，远低于国家规定的标准 2400 千卡。非脆弱性家庭虽然均值也不足 2400 千卡，但均值较为接近，并且高于最基本的 2100 千卡，说明可以满足基本的生活需要。同时，我们也需注意到，脆弱性家庭能量摄入的标准差也大于非脆弱性家庭，这说明不仅其能量摄入的平均水平较低，而且其波动幅度也较大。同样，脆弱性家庭的蛋白质摄入量平均仅为 53.06 克，与非脆弱性家庭的差距较大。总的来看，这一结果基本也印证了已有文献中所提到的，虽然脆弱性家庭不一定是营养不良的，但营养不良的家庭是脆弱的。

（2）从家庭收入水平来看，脆弱性家庭的人均收入较低。2006 年营养脆弱家庭的人均收入仅为 4025 元，较之非脆弱家庭低了近 26%。根据前几章的分析可知，收入水平是影响家庭营养摄入的重要因素。较低的收入水平会直接约束脆弱家庭的营养摄入，并且降低其应对风险的能力。

（3）从家庭规模和结构来看，营养脆弱家庭的平均规模较大且儿童占比较高。从表 5-1 的统计中我们可以发现，营养脆弱的家庭平均规模近 4 人，而非脆弱家庭的规模均值仅为 2 人左右。这说明，家庭规模较大的家庭更容易成为营养脆弱的家庭，这与已有的文献研究是相一致的。当然，家庭结构要比家庭规模对脆弱性家庭的影响更大，尤其是对家庭收入没有贡献的纯消费群体。表 5-1 的结果表明，脆弱性家庭的儿童占比均值接近了 21%，而非脆弱性家庭的这一比例仅为 6.5%。

儿童在家庭中是典型的纯消费群体，尤其是在营养摄入方面，往往是家庭食物消费支出中的重点对象。因此，儿童数量多的家庭不仅会增加营养摄入的成本，而且更容易在遭遇风险时陷入营养不良的困境。我们同时也发现，营养脆弱家庭的老年人比例并没有出现比非脆弱性家庭高的情况。一般而言，60 岁以上的老人属于非劳动力范围，应该也在纯消费群体之列，但是就目前的农村现状而言，在身体条件允许的情况下，60 岁以上的老人参与劳动的比例仍然很高，因此老年人比例的高低并不会对家庭的营养脆弱性产生很显著的影响。

（4）从户主特征来看，脆弱性家庭中男性户主的比例较高且年龄偏轻，但户主的教育水平并没有明显差异。表5-1的统计结果显示，脆弱性家庭男性户主的概率要比非脆弱型家庭的男性户主的概率高。在前一章的分析中我们也曾分析指出，女性户主的家庭更重视家庭营养的摄入，更愿意将家庭资源分配于日常生活和食物消费中。因此，相比女性户主家庭，男性户主家庭更容易陷入营养脆弱的境地。但从户主的年龄均值来看，脆弱性家庭的户主平均年龄为36.7岁，而非脆弱性家庭的户主年龄接近49岁。根据男女户主家庭的内部分配的特征以及生命周期理论，我们可以合理推断，年纪大的户主更注重家庭内部的营养摄入和生活消费，而年纪偏轻的户主则更愿意将有限资源用于生产性投资，而不是食物消费，由此造成其更容易陷入脆弱境地。

（5）从家庭食物消费的自给自足率来看，脆弱性家庭的自给自足率较高。这一统计结果与前一章的实证分析相印证，即自给自足率越高的农户实际上更为脆弱，这与我们的现实观察也基本是一致的，即过于依赖农业收入，自给自足率高的农户往往处于较低的收入水平，其食物消费相对单一，因而其营养摄入水平相对较低，也更易受到风险的冲击。

（6）从社区市场条件来看，以农业为主且市场条件不利的地区中的农户更容易脆弱。从表5-1的统计结果中可知，脆弱性家庭所处社区的农业劳动力占比的均值较高，达到了近58%，比非脆弱性家庭所处的社区的农业劳动力占比的均值高了近10%。这说明，脆弱性家庭往往处于农业生产为主的不发达地区。从地区分布来看，也基本印证了这一点。广西、贵州等地的脆弱家庭比例更高一些，而江苏省等发达省份中，非脆弱性家庭占比更高。此外，从市场条件来看，正如我们前面所提到的，市场的发育程度直接影响农户的食物可获得权以及食物的多样性。从距离市场远近角度来看，脆弱性家庭离自由市场相对较远，其均值达到了5公里，高于非脆弱家庭的3.3公里。而脆弱性家庭所处社区的自由市场规模也相对较小。

（7）脆弱性家庭所处社区的食物价格均偏高。食物价格是本章所考虑的影响家庭营养摄入的重要因素。本书认为，较高的食物价格会约束家庭的食物消费水平。已有的文献也证明，在食物价格上涨的情况下，家庭会将低食物消费质量或者减少食物消费数量。因此，在较高的食物价格水平下，家庭更容易受到冲击，导致营养不良。表5-1的统计结果初步印证了这一判断，脆弱性家庭所处社区的食物价格无论是谷类等主食还是肉类、水果类、豆制品、蔬菜等副食均高于非脆弱性家庭的社区食物价格水平。

对于农户而言，我们并不能由此简单判断食物价格升高一定会导致其营养摄入水平下降。原因主要有两个：一是营养素的摄入与价格之间的关系并不像食物消费量一样清晰，因为不同的食物会提供相同的营养素，即不同食物消费之间可以产生替代关系。例如，谷类是提供能量的主要食物来源，大米和小麦以及粗粮等均可以提供能量，当大米和小麦的价格上涨时，贫困家庭有可能就会减少大米和小麦的消费量，转而食用更为便宜的高粱或者土豆等食物，这样做的结果可能就会使能量摄入水平保持不变，甚至有所提高。

我们在研究农户能量摄入时，就有可能发现大米和小麦的价格上涨，其能量摄入反而升高的现象；除了替代效应之外，农户还具有一个不同于城市居民的特征，即农产品的生产者。农产品价格上涨一方面会通过收入效应增加农户的生产者剩余，另一方面也会由于支出效应而使其消费者剩余受损。农户的净福利是受损还是受益取决于其所生产的农产品的商品化率及其供给和需求价格弹性。因此，当农产品的价格变动使其生产者剩余大于消费者剩余时，其对家庭的营养摄入也会造成正的影响。当然，这两方面的原因还有待进一步实证分析的验证。

综上所述，我们可以初步判断，家庭规模较大、儿童数量较多且收入水平低下、自给自足程度较高的家庭更容易成为脆弱性家庭。而以农业生产为主、市场发育程度较差且食物价格水平较高的地区中的农户也更容易成为脆弱性家庭。下面，我们将对影响脆弱家庭营养摄入的主要因素，尤其是食物价格因素进行实证分析。

5.2 理论模型与计量方法

5.2.1 理论模型

Pitt（1984）在分析价格因素对家庭间以及家庭内部的营养摄入时，对传统的个人家庭农户模型进行了改进和扩展。本章在借鉴其分析框架的基础上，简单叙述价格与家庭层面营养摄入的影响机制。

假设一个家庭有 T 个家庭成员，家庭的最大化效用函数为：

$$U = U(H, L, C_k, Z), U' > 0, U'' < 0 \tag{5.1}$$

其中 H 表示的是家庭中每个成员的健康情况 H^i、L 表示的是每个家庭成员的闲暇时间 L^i，Z 为非食品的商品 Z^i，C_k 表示每个家庭成员消费的 N 种食物。

要最大化家庭的效用，主要有以下几个约束条件：

首先，就是每个家庭成员的健康生产函数，即：

$$H^i = H(N^i, Y^i, G, X^i, \mu^i) \tag{5.2}$$

其中，N^i 为第 i 个家庭成员根据他所消费的食物总量 C_k 所消费的营养，即 $N^i = N^i(C_K^i)$；Y^i 为非食物的健康投入，如医疗服务等；G 表示的是其他影响家庭成员的健康资源（如自来水、公共卫生设施）；X^i 表明的是与健康相关的个人特征（年龄、性别）；μ^i 为外生的健康禀赋和环境影响因素。

式（5.2）表明家庭成员的健康水平直接受到营养摄入、非食物的健康投入和外生健康环境因素及一些不受家庭和个人影响的因素。

此外，农户家庭还有一个重要的特点，即集生产消费于一体，他们的收入受其生产函数影响，因此，影响农户家庭效用最大化的另一个约束条件就是农户的生产投入函数，具体表现形式为：

$$Q_i = Q_i(F_i, F_i^0, X_i, A_i, k_i, H, u) \tag{5.3}$$

其中，Q_j 表示第 j 种作物的产量；F_j 表示用于农业劳动的劳动人数；F_i^0 表示雇用的农业劳动的人数；X_i 表示非劳动力的投入；A_j 表示对 j 种作物的耕种面积；k_j 表示用于 j 种作物的资本；u 为外生的影响因素。而且，家庭成员的健康状况 H 也会影响家庭的生产效率。

假定第 i 个家庭成员的工资收入为 W^i，那么在式（5.2）、式（5.3）以及家庭总收入的约束下，最大化式（5.1）表示的家庭效用函数，那么可得到：

$$\lambda^i = \phi_\lambda(P, P_z, P_v, G, W, W^0, K, P_x, X, u, \mu, V) \tag{5.4}$$

其中 λ^i 可以表示健康水平 H^i 或食物消费 C_k^i 或营养摄入水平 N^i；P 为食物的价格；P_z 为非食物的商品价格；P_y 为非食物健康投入的价格；W 为市场工资；W^0 为雇佣劳动的工资；K 为所有农业资本；P_x 为非劳动力农业投入的价格；V 为非工作收入；X 和 μ 为所有家庭成员的个人特征变量。

由此，可以看出食物消费、营养摄入和健康水平都是所有价格的函数，也是所有家庭成员特征的函数。但为了分析方便，很多文献通常会假定农户家庭消费模型中，家庭消费和农业生产分配决策是分离的，投入的价格影响人们的决策只是通过其对农业净收入（利润）的影响。在这种情况下，农户的利润可以替代等式中的投入要素价格因素。由此，本书对模型进行简化，在估计家庭营养摄入水平时，所需的信息是关于食物价格以及其他商品价格的变动对其的影响。

5.2.2 计量方法介绍

（1）营养脆弱家庭的营养摄入水平分布特征。

按照中国营养学会（2000）提供的居民膳食营养参考摄入量可知，正常的标准人日的营养参考摄入量是能量 2400 千卡、蛋白质 75 克，营养脆弱家庭每标准人日的营养摄入量并未达到此标准。通过对两种营养摄入量进行正态分布统计（见表 5-2），可以发现，脆弱家庭和非脆弱家庭的能量和蛋白质摄入量的对数分布的 J-B 正态性检验的 p 值都小于 0.05，说明两个在营养摄入方面均不服从正态分布，从峰度和偏度的统计值来看，存在左偏且高峰度。①

表5-2 营养脆弱农户与非脆弱农户的营养摄入量分布

	热量摄入（对数）					蛋白质摄入（对数）			
	观察值	均值	偏度	峰度	P值	均值	偏度	峰度	P值
脆弱农户	859	7.29	-1.579	8.741	0	3.82	-1.387	6.869	7.25e-177
非脆弱农户	737	7.68	-1.342	7.497	1.29e-183	4.10	-4.865	41.438	0

数据来源：根据 CHNS（2006）数据整理得到。

　　为了更直观地看出两个群体的农户的营养分布差异，本书通过 Kernel 核密度图来表示两个群体的农户的营养密度函数。从图5-1中可以看出，在较低营养水平时，脆弱家庭的密度函数位于非脆弱家庭的左侧，这说明，在低营养水平上，脆弱家庭的比重要高于非脆弱家庭。随着营养摄入量的分位数提高，非脆弱家庭的比重逐渐超过了脆弱家庭。在营养摄入量达到高分位时，三个家庭的比例逐渐趋近。

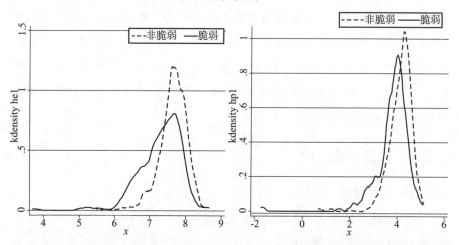

图5-1 脆弱家庭和非脆弱家庭的能量（左图）和蛋白质（右图）摄入量密度函数分布

---

　　① 虽然我们在上一章的脆弱性分析中假定其营养摄入分布是正态的，但这种假设具有一定的局限性，虽然为计算提供了简便，但由于忽略了部分非正态的群体，因此在一定程度上损失了精准度。因此，在具体分析食物价格与脆弱性家庭的营养摄入关系时，我们将不再保留这一假设。

由营养摄入量的分布可知，脆弱家庭的营养摄入与非脆弱家庭存在明显的差异，且呈非正态分布。根据前面所述，食物价格和市场条件都会影响农户的食物消费和营养摄入，那么这些因素对脆弱家庭营养摄入的影响有什么不同呢？下面将通过分位数回归的方法，来分析这些因素对不同收入水平家庭的营养摄入影响。

（2）分位数回归模型设定。

分位数回归是由 Koenker 和 Bassett（1978）提出的，其主要思想是使用残差绝对值的加权平均作为最小化的目标函数。分位数回归可以根据因变量的条件分位数对自变量 x 进行回归，以提供关于条件分布 $y \mid x$ 的全面信息，能更加全面地刻画条件分布的大体特征。因此，分位数回归相比普通最小二乘回归只能描述自变量 x 对于因变量 y 的均值变化的影响而言，能更精确地描述自变量 x 对于因变量 y 的变化范围以及条件分布形状的影响。本书主要是为了分析不同营养不良率水平下，考察收入增加和健康卫生干预以及收入等因素对其的影响，因此，我们选用分位数回归模型。

根据前面的分析，本书首先构建影响家庭营养摄入水平的影响因素模型，如下所示：

$$N_{il} = \alpha_0 + \alpha_1 \text{income}_i + \alpha_2 \text{PRICE}_{ki} + \alpha_3 \text{Market}_i + \alpha_4 \text{Family}_i + \alpha_5 D_i \quad (5.5)$$

其中为第 i 个家庭中第 l 种营养的摄入量；income 为家庭人均收入水平，表示的是第 i 个样本的第 K 种食物的价格；Market_i 代表的是市场条件，其中包括距离自由市场的公里数和自由市场的规模；Family_i 代表的是家庭控制变量，包括家庭规模，家庭结构，户主的年龄、性别和教育水平及膳食知识；为地区控制变量。如前所述，营养摄入量是非正态分布的，因此，本书选择分位数回归模型而不是 OLS 模型进行分析。

为考察不同分位数上不同收入水平家庭的营养摄入的影响因素，本书建立如下分位数回归模型：

$$\text{Quant}_\theta(N_{il} \mid X_i) = \beta^\theta X_i \quad (5.6)$$

其中 X_i 为式（5.5）中提到的各种影响因素；β^θ 为系数向量；Quant_θ（营养摄入水平$_i \mid X_i$）表示的是在给定 X 的情况下与分位点 $\theta(0 < \theta < 1)$ 对

应的条件分位数（刘生龙，2008）。与 θ 对应的系数向量 β^{θ} 是通过最小化绝对离差（LAD）来实现的，即：

$$\beta^{\theta} = \text{argmin}\left\{\sum \theta \mid N_{il} - X_i\beta\mid + \sum (1 - \theta)\mid N_{il} - X_i\beta\mid\right\} \quad (5.7)$$

尽管更多的分位点可以给出更为详细的分析结果，但是限于篇幅，本书在这里只是选择 3 个有代表性的分位点，它们是 0.25，0.5 和 0.75。本书对能量和蛋白质这两种具有代表性的营养摄入量分别进行了分位数回归，本书将在下一部分进行详细分析。

5.3 脆弱家庭营养摄入量影响因素分析

5.3.1 能量摄入量的影响因素分析

（1）家庭收入水平。从表 5－3 的回归结果中可以看出，对于脆弱家庭而言，无论是低分位的能量摄入还是高分位的能量摄入，家庭人均收入对于其能量摄入均有显著的正影响。但随着能量摄入分位数的不断提高，家庭收入因素对脆弱家庭的影响力度逐渐减弱，系数从 0.168 降为 0.078。相同的趋势在非脆弱家庭也有所体现。同时本书也发现，相对而言，脆弱家庭营养摄入受家庭收入的影响程度要远大于同分位下的非脆弱家庭。这一结果也印证了，对于脆弱家庭而言，收入水平增加依然是影响其能量摄入的重要因素。但是家庭收入对其的影响并不会一直强化。当家庭收入达到一定水平时，由于家庭食物消费模式的改变，其能量摄入可能会维持在一定的合理水平。对于非脆弱家庭亦是如此，当基本的能量收入可以满足需求之后，其收入增加更可能改变食物消费模式，而不是继续增加能量。

（2）食物价格。首先需要说明的是，回归结果中的系数并不是能量对食物价格的弹性。如前所述，这里的食物价格仅仅是社区中选取的某类食物的代表价格，其与家庭实际消费的食物种类在一定程度上并不是一一对应的，因此，系数的大小并没有太大的实际意义。本书更关注的这些食物价格对家庭的能量摄入影响的显著性和方向。在对能量摄入的回归分析中，本书将不考虑对能量摄入影响不大的食用油类、水果类和豆类及其制品的价格。这么选择的原因一是食用油类、水果类和豆制品并不是农户家庭能量摄入的主要来源；二是因为在农户的二日调查的食物消费中这几类食物消费量占比较低，尤其是食用油类，因此不将其纳入回归分析之中。

从回归结果中可以看出，脆弱家庭和非脆弱家庭的能量摄入受食物价格的影响是不同的，非脆弱家庭比脆弱家庭更容易受到食物价格的影响。谷类是家庭能量摄入的重要来源。对于脆弱家庭和非脆弱家庭低分位的能量摄入而言，大米的价格对其能量摄入具有显著的正效应。但随着能量摄入量的分位数提高，其影响变得不再显著。本书认为造成这一结果有可能与脆弱家庭中大多以农业生产为主，且其谷类消费可以自给自足。从前面的描述性统计中可以看出脆弱家庭的自给自足率要高于非脆弱家庭，因此其价格变动不如非脆弱家庭显著。此外，谷类价格上涨，其可能带来的收入效应大于其消费效应，会通过收入水平的提高而促进能量摄入的增加。并且谷类价格对于高分位的能量摄入影响相对要小一些。[①]

肉类、蛋类和蔬菜是农户日常食物消费中的重要支出方面，其价格变动对家庭的食物消费结构具有重要作用。从回归结果来看，对于营养脆弱家庭而言，在中、低分位的能量摄入中，蛋类、蔬菜和肉类对其能量摄入均呈显著负相关关系。但同时本书也发现，对于非脆弱家庭而言，其能量摄入受鸡蛋、蔬菜和肉类价格的影响更大。如前所示，脆弱家庭在蔬菜、谷类方面自给自足的比重更大，而非脆弱家庭对市场的依赖程度要高于脆弱家庭，而相比谷类而言，肉、蛋和蔬菜更多地要依靠市场购买，因此，其价格对其能量摄入产生显著的负影响。

（3）家庭特征。从表 5 - 3 的回归结果可知，家庭特征对脆弱家庭和

---

① Jere R. Behrman 和 Anil B. Deolalikar（1989）也曾发现食物价格与营养摄入之间有正相关关系。他们认为这种反常表现（perverse）可能是因为，营养摄入来源于不同的食物种类，这些食物之间可能会存在价格交叉替代效应，一些食物价格上涨会引致人们转向更便宜的食物，以保证营养摄入。这就有可能导致一些食物价格上涨，但营养摄入也同时增加的情况。

非脆弱家庭的影响差异是比较大的。除了前面所分析的家庭收入之外，户主的受教育水平、家庭规模以及户主的性别对脆弱家庭的影响摄入均体现出了较为显著的影响。首先，户主的教育水平在低分位和高分位的脆弱家庭能量摄入中均显著为正，即使在中分位上，其 t 值也是较大的。这说明对于脆弱家庭而言，提高户主的教育水平，有助于增强其增收的能力，对其营养摄入有较为显著的帮助。但是户主的教育水平对于非脆弱家庭却完全不显著。

此外，户主的性别对于脆弱家庭而言也具有显著的负影响，即如果户主为男性，则更不利于家庭能量的摄入，对于脆弱性家庭的低分位和高分位的能量摄入影响均是显著的，同时对于非脆弱家庭的低分位的能量摄入影响也是显著的。这与之前的分析是相一致的，男性户主家庭更不注重将资源分配在家庭的日常消费方面，也就更容易脆弱。需要注意的是，家庭规模对于家庭的能量摄入均为显著负影响，即家庭规模越大，其每标准人日的能量摄入量越少。

对于脆弱家庭而言，家庭规模的影响程度要远高于非脆弱家庭，并且随着能量摄入分位越高，两者之间的差异在逐渐缩小；在家庭结构方面，老人占比越高反倒有利于非脆弱家庭的能量摄入，而儿童占比越高仅对中分位的脆弱家庭和高分位的非脆弱家庭有显著的正影响。造成这一结果可能一方面是如前面所分析的，老人仍然对家庭的收入有所贡献，而且在非脆弱家庭更为明显，因此有利于其能量摄入；而儿童占比高可能会影响家庭的食物消费结构，因而对于能量摄入处于较高分位的家庭有正的影响。

在家庭特征方面，还需要特别指出的就是家庭的自给自足能力。如前所述，脆弱家庭的自给自足率相对较高，这在一定程度上减少了食物价格对其造成的冲击。而回归结果也表明，对于脆弱家庭而言，尤其是在中、低分位的营养摄入方面，自给自足率越高的家庭，其能量摄入量越高。这说明，一定程度上的自给自足有利于保证脆弱家庭的营养摄入。

（4）市场条件。从回归结果来看，无论是脆弱家庭，还是非脆弱家庭，农业劳动力占比对其能量的摄入都显著为负。农业劳动力的比重在一定程度上可以表明当地的市场化程度，从事非农劳动力的比重越高，代表该地区的市场化程度越高。而表5-3的回归结果表明，农业劳动力占比越高，其营养摄入量越低，也就是说市场化程度越低，其营养摄入量也越低。但同时本书也发现，当地的自由市场的发育程度对能量摄入的影响力并不如预想的显著。市场距离对其能量摄入的影响虽都为负影响，但仅在非脆弱家庭的中分位处显著。这说明农村家庭的食物消费和能量消费受交通条件的约束较大，市场的位置对其增加食物消费限制更多。但市场规模并没有如预期的那样对脆弱家庭的影响为显著正相关。而且在非脆弱家庭低分位的能量摄入方面还显著为负，这是令人比较疑惑之处。

表5-3　　　　　脆弱家庭和非脆弱家庭能量摄入的分位数回归结果

	脆弱家庭			非脆弱家庭		
	q25	q50	q75	q25	q50	q75
家庭人均收入	0.168***	0.146***	0.0775***	0.0712***	0.0607***	0.0442*
	(4.25)	(4.60)	(2.75)	(2.95)	(2.73)	(1.68)
户主年龄	0.000367	0.000428	-8.50e-11	0.000284	0.00218	0.00139
	(0.42)	(0.65)	(-0.00)	(0.39)	(1.62)	(1.47)
户主教育水平	0.0147**	0.00740	0.0130**	-0.000313	-0.000700	-0.00123
	(1.96)	(1.47)	(2.07)	(-0.09)	(-0.16)	(-0.33)
户主为男性	-0.314**	-0.0437	-0.149*	-0.129***	-0.0435	-0.0242
	(-2.54)	(-0.42)	(-1.96)	(-3.34)	(-0.79)	(-0.40)
家庭规模	-0.200***	-0.156***	-0.157***	-0.0860***	-0.0964***	-0.112***
	(-8.25)	(-13.25)	(-8.01)	(-4.25)	(-4.44)	(-5.00)
16岁以下儿童的比例	0.169	0.180*	-0.0548	0.161	0.0998	0.271**
	(1.20)	(1.71)	(-0.42)	(1.15)	(0.66)	(2.06)
60岁以上老人的比例	-0.102	-0.0360	0.0380	0.112**	0.0789**	0.147**
	(-1.23)	(-0.35)	(0.31)	(2.03)	(2.11)	(2.78)
自给自足率	0.338*	0.260**	-0.231	0.0306	0.151	0.0433
	(1.95)	(2.03)	(-1.40)	(0.13)	(0.67)	(0.37)
社区农业劳动力比例	-0.00368***	-0.00484***	-0.00156	-0.00284*	-0.00273**	-0.00508***
	(-2.75)	(-2.64)	(-0.98)	(-1.73)	(-2.56)	(-4.06)
大米价格	0.543**	0.660*	0.0711	0.647***	0.0384	-0.128
	(2.05)	(1.83)	(0.19)	(2.97)	(0.15)	(-0.48)
面食价格	0.0924	0.116	0.0507	0.233**	-0.0269	0.112
	(0.80)	(1.08)	(0.52)	(2.07)	(-0.24)	(1.19)

续表

	脆弱家庭			非脆弱家庭		
	q25	q50	q75	q25	q50	q75
鸡蛋价格	−0.412***	−0.268***	−0.179*	−0.216**	−0.308***	−0.190*
	(−3.84)	(−2.86)	(−1.93)	(−2.32)	(−3.30)	(−1.74)
蔬菜价格	−0.385***	−0.115*	−0.0627	−0.829***	−0.436***	−0.318***
	(−3.47)	(−1.74)	(−0.86)	(−6.36)	(−4.44)	(−5.06)
肉类价格	−0.609***	−0.287*	−0.0476	−0.645***	−0.359***	−0.0209
	(−2.86)	(−1.72)	(−0.24)	(−3.74)	(−3.32)	(−0.25)
到最近自由市场的距离	−0.0320	−0.0113	−0.0366	−0.0337	−0.0575***	−0.0292
	(−0.97)	(−0.57)	(−1.10)	(−1.32)	(−2.65)	(−1.08)
最近自由市场的规模	−0.0375	0.0181	0.00883	−0.126***	−0.0308	−0.0298
	(−1.49)	(0.84)	(0.29)	(−4.62)	(−0.99)	(−1.50)
辽宁省（是=1，否=0） 黑龙江（是=1，否=0）	0.0106	0.305*	0.557**	−0.528***	−0.700*	−0.175
	(0.03)	(1.91)	(2.46)	(−2.95)	(−1.71)	(−0.58)
江苏省（是=1，否=0） 山东省（是=1，否=0）	−0.490	0.157	0.273	−1.437***	−1.213**	−0.690*
	(−1.25)	(0.80)	(1.12)	(−4.56)	(−2.47)	(−1.86)
河南省（是=1，否=0） 湖南省（是=1，否=0）	0.423	0.602***	0.679***	0.533***	−0.0405	0.0962
	(1.19)	(4.02)	(4.52)	(4.40)	(−0.10)	(0.35)
湖北省（是=1，否=0）	0.399	0.486***	0.582***	0.783***	0.0197	0.353
	(1.13)	(3.44)	(3.88)	(5.74)	(0.05)	(1.15)
辽宁省（是=1，否=0） 黑龙江（是=1，否=0）	0.00989	0.540***	0.536***	−0.0523	−0.474	0.0242
	(0.03)	(3.70)	(2.68)	(−0.42)	(−1.20)	(0.08)
江苏省（是=1，否=0） 山东省（是=1，否=0）	0.663*	0.848***	0.578***	0.662***	−0.0677	0.0534
	(1.86)	(8.37)	(5.04)	(3.50)	(−0.16)	(0.21)
河南省（是=1，否=0） 湖南省（是=1，否=0）	0.687*	0.751***	0.638***	1.148***	0.202	0.199
	(1.88)	(5.99)	(6.05)	(5.20)	(0.49)	(0.91)
湖北省（是=1，否=0）	0.289	0.393***	0.378***	0.759***	0.202	0.399*
	(0.90)	(3.86)	(3.51)	(2.77)	(0.53)	(1.79)
常数项	8.079***	6.998***	7.571***	8.286***	8.576***	8.089***
	(11.72)	(15.38)	(18.52)	(17.18)	(18.87)	(24.45)
R^2	0.2878	0.2561	0.1865	0.2372	0.153	0.1615
	859			737		

注：括号内为 t 统计量，*、**、***分别表示在10%，5%和1%的水平下显著。

5.3.2　蛋白质摄入量的影响因素分析

表5－4　　　　　　脆弱家庭和非脆弱家庭蛋白质摄入的分位数回归结果

	脆弱家庭			非脆弱家庭		
	q25	q50	q75	q25	q50	q75
家庭人均收入	0.103***	0.0884***	0.141***	0.0977**	0.0627**	0.0305
	(2.78)	(2.62)	(5.03)	(2.51)	(2.21)	(0.91)
户主年龄	−1.18e−10	0.000456	6.66e−11	0.00471**	0.00171	0.000961
	(−0.00)	(0.58)	(0.00)	(2.55)	(1.43)	(0.81)
户主教育水平	5.09e−10	0.00576	−1.42e−09	0.00884	0.000471	−0.000173
	(0.00)	(1.10)	(−0.00)	(1.12)	(0.11)	(−0.05)
户主为男性	−0.332***	−0.0776	−0.166**	0.00242	−0.0160	−0.105*
	(−4.76)	(−0.76)	(−2.23)	(0.04)	(−0.29)	(−1.90)
家庭规模	−0.164***	−0.147***	−0.135***	−0.0311	−0.0422**	−0.0315*
	(−8.03)	(−7.71)	(−8.75)	(−0.92)	(−2.14)	(−1.66)
16岁以下儿童的比例	−0.332	−0.251***	−0.140	0.368	−0.117	−0.236
	(−1.61)	(−3.18)	(−0.98)	(1.60)	(−0.66)	(−1.62)
60岁以上老人的比例	−0.464***	−0.415***	−0.361***	−0.102	−0.190***	−0.0435
	(−6.08)	(−4.16)	(−3.14)	(−1.47)	(−2.87)	(−0.91)
自给自足率	−0.0613	−0.0746	0.0895	−0.0356	0.00266	−0.157
	(−0.29)	(−0.33)	(0.46)	(−0.11)	(0.01)	(−0.67)
社区农业劳动力比例	−0.00258	−0.00271*	−0.000409	−0.00370**	−0.00469***	−0.00382
	(−1.50)	(−1.70)	(−0.31)	(−2.13)	(−2.69)	(−1.58)
大米价格	1.341*	0.526***	0.180	0.417	0.654***	0.124
	(1.95)	(2.68)	(0.47)	(1.49)	(2.74)	(0.38)
面食价格	0.189	0.0682	−0.0162	0.536***	0.243***	0.0585
	(1.22)	(0.53)	(−0.24)	(5.05)	(2.63)	(0.44)
鸡蛋价格	−0.247**	−0.196*	−0.232**	−0.170	−0.229**	−0.108
	(−2.57)	(−1.67)	(−2.03)	(−1.61)	(−2.10)	(−0.85)
蔬菜价格	−0.390***	−0.142	−0.129*	−0.590***	−0.437***	−0.145
	(−2.74)	(−1.62)	(−1.89)	(−3.98)	(−2.90)	(−1.17)
肉类价格	−0.550***	0.0662	−0.0170	−0.141	−0.131	0.108
	(−2.69)	(0.40)	(−0.10)	(−0.65)	(−0.76)	(0.86)

续表

	脆弱家庭			非脆弱家庭		
	q25	q50	q75	q25	q50	q75
豆制品价格	−0.0530	−0.0555	0.0173	0.296***	0.176	0.121
	(−0.34)	(−0.42)	(0.19)	(3.06)	(1.29)	(1.21)
到最近自由市场的距离	0.0396	−0.0563*	−0.0617**	−0.0304	0.0141	−0.00319
	(0.90)	(−1.91)	(−2.51)	(−0.72)	(0.47)	(−0.07)
最近自由市场的规模	0.0299	0.0173	0.0363	−0.0261	−0.00944	0.00112
	(0.76)	(0.46)	(1.06)	(−0.65)	(−0.33)	(0.03)
辽宁省（是＝1，否＝0） 黑龙江（是＝1，否＝0）	−0.366*	−0.341	−0.00921	−0.573**	−0.587*	−0.592
	(−1.82)	(−1.31)	(−0.05)	(−2.06)	(−1.67)	(−1.62)
江苏省（是＝1，否＝0） 山东省（是＝1，否＝0）	−0.698*	−0.191	−0.211	−1.261***	−1.379***	−1.275***
	(−1.89)	(−0.63)	(−1.06)	(−2.98)	(−3.08)	(−2.83)
河南省（是＝1，否＝0） 湖南省（是＝1，否＝0）	0.334	0.378	0.253*	0.145	−0.0492	−0.379
	(1.35)	(1.38)	(1.70)	(0.77)	(−0.15)	(−1.19)
湖北省（是＝1，否＝0）	0.0753	0.0575	−0.0628	0.394*	0.115	−0.180
	(0.31)	(0.23)	(−0.41)	(1.66)	(0.33)	(−0.55)
辽宁省（是＝1，否＝0） 黑龙江（是＝1，否＝0）	0.0454	0.0722	−0.0452	−0.0358	−0.284	−0.454
	(0.18)	(0.22)	(−0.23)	(−0.13)	(−0.84)	(−1.27)
江苏省（是＝1，否＝0） 山东省（是＝1，否＝0）	0.917***	0.440*	0.354***	0.269	0.102	−0.294
	(4.13)	(1.75)	(3.00)	(1.12)	(0.32)	(−0.93)
河南省（是＝1，否＝0） 湖南省（是＝1，否＝0）	0.653***	0.133	0.229	0.373	0.112	−0.504
	(3.62)	(0.46)	(1.45)	(1.51)	(0.32)	(−1.62)
湖北省（是＝1，否＝0）	0.0595	−0.109	0.0212	0.00989	0.0593	−0.402
	(0.36)	(−0.49)	(0.17)	(0.04)	(0.18)	(−1.19)
常数项	4.386***	3.885***	3.864***	3.074***	4.179***	4.712***
	(7.88)	(6.58)	(7.17)	(4.70)	(7.47)	(8.75)
R^2	0.2641	0.2164	0.2166	0.1753	0.1505	0.1547
样本量	859			737		

注：括号内为 t 统计量，*、**、***分别表示在10%，5%和1%的水平下显著。

（1）家庭收入水平。从表5-4的回归结果中可以看出，与能量摄入一样，对于脆弱家庭而言，家庭人均收入对于其蛋白质摄入均有显著的正影响。但与能量摄入不一样之处在于，随着蛋白质摄入分位数的不断提高，家庭收入因素对脆弱家庭的影响力度并没有出现明显的减弱趋势，反而在蛋白质摄入量的高分位处的影响力最大。蛋白质摄入量在一定程度上代表家庭营养摄入的质量水平。因此，家庭收入水平对于维持较高的蛋白质摄入水平具有更为明显的作用。同时本书也发现，相对而言，脆弱家庭营养摄入受家庭收入的影响程度要远大于同分位下的非脆弱家庭。这一结果也印证了，对于脆弱家庭而言，收入水平增加依然是影响其蛋白质摄入的重要因素。

（2）食物价格。与前面的分析一样，回归结果中的系数并不是蛋白质对食物价格的弹性。因此，系数的大小并没有太大的实际意义。本书更关注的是这些食物价格对家庭的蛋白质摄入影响的显著性和方向。与前面的回归分析相比，本章将豆类及其制品的价格纳入回归分析的范畴，但同样也没有考虑油类和水果类的价格。这么选择是因为豆类制品是重要的植物蛋白的主要来源，虽然其消费量不如谷类和肉类那么多，但在很多地区尤其是贫困地区，它仍然是家庭摄入蛋白质的主要来源。而至于食用油类和水果类不进入回归的理由则与前面相同。

从回归结果中可以看出，脆弱家庭和非脆弱家庭的蛋白质摄入受食物价格的影响是不同的。作为营养摄入质量的代表，仅靠农户的自给自足显然无法满足营养质量的提升，因此反映在回归结果中就是脆弱家庭比非脆弱家庭更容易受到食物价格的影响，这一点与前面的能量摄入表现有所差异。不过需要指出的是，谷类依然在两类家庭中都表现出正相关的影响。对于脆弱家庭和非脆弱家庭低分位的蛋白质摄入而言，大米的价格对其能量摄入具有显著的正效应。但随着能量摄入量的分位数提高，其影响变得不再显著。本书认为造成这一结果的原因与前面能量摄入的分析一样，都有一定的收入效应在其中。但这种收入效应有待通过进一步的证据进行验证。

肉类、蛋类以及豆制品是农户摄入蛋白质的重要来源，其中前两个是动物蛋白的主要来源，后一种是植物蛋白的主要代表。从回归结果来看，对于营养脆弱家庭而言，在中、低分位的能量摄入中，蛋类、蔬菜和肉类对其蛋白质摄入均呈显著负相关关系，而且相对于能量摄入而言，脆弱家庭的蛋白质摄入更容易受到食物价格的影响。与前面类似的是，非脆弱家庭的蛋白质摄入比脆弱家庭受到食物价格的影响更大。

（3）家庭特征。与能量摄入的回归结果较为相似的是，家庭特征变量对于脆弱家庭的影响更为显著。户主的性别对于脆弱家庭的蛋白质摄入具有显著的负影响，即如果户主为男性，则更不利于家庭蛋白质摄入，对于脆弱性家庭的低分位和高分位的蛋白质摄入影响均是显著的，但对于非脆弱家庭的蛋白质摄入并不显著。前面分析了造成这一结果的原因，即男性户主家庭相比女性户主家庭，在食物消费和分配方面都不十分注重。但户主的教育水平在脆弱家庭和非脆弱家庭都不是很显著。而家庭规模对于脆弱家庭的蛋白质摄入有显著的负影响，即家庭规模越大，其每标准人日的蛋白质摄入量越少。对于脆弱家庭而言，家庭规模的影响程度要远高于非脆弱家庭，并且随着蛋白质摄入分位越高，家庭规模的影响程度越小。在家庭结构方面，老人占比高对于脆弱家庭和非脆弱家庭的影响都显著为负，尤其是对于脆弱家庭而言更是如此。本书认为之所以老人占比对蛋白质的影响与对能量摄入的影响作用截然相反，可能是与老人的食物消费结构有关。蛋白质摄入量的高低可以代表其饮食质量水平，而在农村，大多数老年人的饮食基本以"吃饱"为主，饮食较为传统和简单，因而其热量摄入水平较高，但蛋白质水平可能并不是很理想。在家庭特征方面，还需要特别指出的就是家庭的自给自足能力。如前所述，脆弱家庭的自给自足率相对较高，这在一定程度上减少了食物价格对其造成的冲击。但回归结果表明，自给自足率对于脆弱家庭的蛋白质摄入并没有显著的影响。这可能与农户的自给自足主要集中于大米和面食等主食类有关，与其能量摄入相关度较高，而蛋白质摄入主要来自肉蛋奶、豆制品等食物，这些食物的自给自足率相比谷类而言都较少，因此对于蛋白质摄入的影响不如对能量摄入的影响显著。

（4）市场条件。从回归结果来看，无论是脆弱家庭，还是非脆弱家庭，农业劳动力占比对其蛋白质的摄入都显著为负。如前所述，从事非农劳动力的比重越高，代表该地区的市场化程度越高，而市场化程度的提高有利于改善农户的食物消费质量。而表5-4的回归结果表明，农业劳动力占比越高，其蛋白质摄入量越低，也就是说市场化程度越低，其蛋白质摄入量也越低。但同时本书也发现，当地的自由市场的发育程度对蛋白质摄入的影响力并不如预想的大。市场距离对其蛋白质摄入的影响虽都为负影响，但仅在脆弱家庭的中分位和高分位处显著。这说明农村脆弱家庭的食物消费的质量水平受交通条件的约束较大，市场的位置对其增加食物消费限制更多。但市场规模并没有如预期的那样对脆弱家庭的影响为显著正相关。

5.4 本章小结

食物获取权是国际法中规定的一项基本人权。它是指每个人都不间断地拥有生产、赚取或购买充足食物所需资源的权利（FAO，2009）。在农村市场化进程不断加快的背景下，农户的食物消费行为日益商品化，其食物获取权也日益受到市场因素的影响。一方面食物价格上涨会增加食物消费的成本；另一方面食物消费市场的不健全也会影响其食物的可获得性。

本章在第四章的基础上利用CHNS 2006年的农户和社区数据，总结了脆弱家庭的基本特征，并通过分位数回归模型分析了食物价格、市场条件以及家庭特征等因素对脆弱家庭的能量摄入和蛋白质摄入的影响，同时与非脆弱家庭进行了对比分析。本章的主要贡献在于：一是使用了社区的客观价格作为外生变量，避免了使用单位价值所带来的偏误；二是通过市场规模和距离市场的远近来考察农户所处的市场条件对其食物可获得性的影响。在分析中，我们主要得到了以下结论：

第一，家庭人均收入依然是影响脆弱家庭营养摄入的重要因素，无论是蛋白质摄入还是能量摄入，均体现出较为显著的正影响。但这种影响力随着营养摄入量分位数的提高而趋于减弱，且家庭人均收入对于脆弱家庭的影响力度要大于非脆弱家庭。

第二，在分析食物价格方面，我们发现与非脆弱家庭相比，食物价格对于脆弱家庭的影响差异并不大。反而在能量摄入方面，非脆弱家庭比脆弱家庭更易受到食物价格的影响。这说明脆弱家庭在能量摄入方面并不易受到食物价格波动的影响，这与已有的对不发达的贫困国家（如菲律宾、印度）相关研究有所不同。本书认为造成这一结果的原因可能是因为脆弱家庭的自给自足率较高，其对市场依赖要小得多，因此可以基本保证其能量摄入。但是，在蛋白质摄入方面，脆弱家庭就更容易受到食物价格的影响。这说明，对于农村的脆弱家庭而言，虽然自给自足率可以满足其基本的能量摄入，但是在提高其食物质量方面仍然需要在市场购买，因此我们需要更加关注肉蛋奶等高质量食物价格波动对于脆弱家庭的影响。

此外，本书还考察了市场条件对于脆弱农户营养摄入的影响，结果发现距离自由市场越远，其营养摄入均值越低。但是，市场规模对于其营养摄入的影响并不是十分显著。

相对于市场条件和食物价格等因素，家庭特征对于脆弱家庭的影响要更显著，尤其是家庭规模和家庭结构，家庭规模过大以及儿童数量过多的家庭都不利于其能量摄入。而对于蛋白质摄入而言，老人的占比过高也表现出了显著的负影响。这说明对于我国农村的脆弱家庭而言，由于其具有自给自足的特点，因此食物价格和市场条件等因素对其营养摄入影响并不明显。但农户自身的家庭条件和应对风险的能力对营养摄入的影响反而更显著。

本章的分析受社区数据的限制，只能分析2006年的农户情况，因此只能从理论上说明脆弱农户营养摄入的影响因素。但这些分析结果并不意味着在食物价格波动时不需要更加关注脆弱家庭的营养摄入。正如本章的导言中所指出的，近些年农村家庭食物消费的商品化程度越来越高，而且很多农户几乎都不留余粮，其自给自足的特点正在减弱，而前面的分析表明，自给自足是保证脆弱家庭避免受食物价格和市场条件影响的重要因素，一旦自给自足率降低，就意味着脆弱家庭将更加暴露于食物价格和市场化的冲击之下。因此，随着农村市场化进程的加快，更加需要关注食物价格和市场条件对脆弱家庭产生的影响。

第六章

农村脆弱家庭内部营养分配的影响因素分析

从前面两章的分析中已知，农村中仍有部分家庭处于营养脆弱状态，本书进一步分析了食物价格对其营养摄入量产生的影响，但相关研究也表明，即使在同一家庭内部，不同年龄、不同性别的家庭成员在享受实际资源分配方面也可能存在着明显的不同，尤其在发展中国家，家庭内部的食物分配往往决定了个体家庭成员的营养摄入水平。食品政策及营养计划是通过影响家庭内部食物分配的一些因素，如获取食物的能力、食物获取行为、食物分配行为等进而影响到个体的营养状况。如不清楚家庭内部食物分配情况，只是把食物分配到家庭水平，之后任由家庭成员自行处置，则补充的食品极有可能分不到目标人群手中，计划最终的效果也当然不会好。所以，了解家庭内部食物分配对于保障营养计划和食品政策的顺利实施，减少营养不良的发生，最终使人们的营养水平得以较大的提高都具有重大的意义（罗巍，2002）。因此，本章将进一步考察脆弱家庭内部的食物分配状况，分析不同食物价格对其家庭内部食物分配的影响，为提供更有针对性的政策干预提供依据。

6.1　脆弱家庭内部营养分配的现状描述

6.1.1　衡量家庭内部营养分配的方法

在家庭内部食物分配研究中一般使用"偏差分数"（discrepancy score）和"食物—能量比"来表示食物分配情况。两者的计算公式分别如下：

某个体某营养素的偏差分数＝该个体营养素实际摄入量/全家该营养素的总体摄入量＊100% – 该个体的 RDA/全家人口的 RDA[①]　　　(6.1)

如果偏差分数＜0，则说明其摄入量份额少于推荐的应摄入量；如果大于0，则说明它的摄入量高于其推荐的应摄入量。

某个体某食物的食物–能量比＝(该个体该食物实际摄入量/全家人该食物总摄入量)/(该个体能量摄入量/全家人能量摄入量之和)　　　(6.2)

当食物—能量比大于1时表示分配给某家庭成员的某种食物的数量多于其应得到的数量；当食物—能量比小于1时表示分配给某个体的某种食物的数量少于其应得到的数量。

我们主要通过考察个体的营养素摄入量来分析家庭内部的营养分配情况，因此，偏差分数更适合本书的研究需要。罗巍（2002）的研究也表明，偏差分数比"食物—能量比"能更好地反映家庭内部不同成员间营养素的分配情况。

从式（6.1）可以看出，我们要求出某个体营养摄入的偏差分数，需要有个人某营养素的摄入量、全家某营养素的摄入量、推荐的标准 RDA，由于在我们的分析中采取的是标准人日的摄入量，在其中已经考虑了家庭成员的性别、年龄和体力活动水平。即每标准人日摄入量＝实际摄入量/标准人日数，而标准人日数＝人日数×(个人 RDA/标准人 RDA)。因此，我们将式（6.2）推导换算为：

某个体营养摄入偏差分数＝(家庭成员个体的标准人日摄入量/家庭总的每标准人日摄入量 –1)×(家庭成员的标准人日数/家庭总的标准人日数)(6.3)

式（6.3）表明，如果偏差分数大于0，则表示家庭成员个体的标准人日摄入量高于家庭总体的每标准人日量，反之则表明家庭成员个体的标准人日摄入量低于家庭的总体水平。

---

① RDA 是指人体每日摄取推荐量（Recommended Daily Allowances）。

在接下来的分析中，我们主要通过式（6.3）来计算个体的营养摄入偏差分数。

6.1.2 脆弱家庭和非脆弱家庭内部营养分配的现状：总量分析

与前几章不同，本章分析的是家庭内部成员个体的营养摄入情况，因此所采用的食物消费情况是基于中国健康营养调查（CHNS）2006 年的家庭成员膳食调查数据。家庭食物消费调查采用的是家庭称重法，即将连续三日内家庭购买及消费的食物量进行称重记录，而家庭成员膳食调查数据则通过个人膳食回顾法，记录家庭成员在连续三日内的各种食物消费量，同时还记录了家庭成员的就餐地点。当然，本章也依然沿用了之前的标准人日的计算方法，得到了家庭成员个人的每标准人日的营养摄入量。在此本章主要通过对比营养脆弱家庭和非脆弱家庭之间的成员营养摄入情况，来分析其家庭内部营养的分配现状。

（1）不同性别间的营养摄入总量情况。

在已有的研究中，性别是导致家庭内部食物分配差异的重要因素。男性往往由于其在家庭占据重要的经济地位，因此享有优先获得食物的权利。而在发展中国家，由于传统观念的影响，家庭内部的食物分配往往也偏重于男性。从表 6 - 1 中可以看出，脆弱家庭内部男性成员和女性成员的营养摄入量的差距并不是很明显，其中在能量摄入方面，女性成员的均值还要高于男性成员，但两者的摄入量均未达到 2400 千卡的标准。但从营养摄入质量方面来看，脆弱家庭的男性成员蛋白质摄入的均值要高于女性，但差距并不大。相比之下，非脆弱家庭的男性和女性成员的营养摄入量要均高于脆弱家庭，且在非脆弱家庭中，男性和女性成员间的蛋白质摄入差异要大于脆弱性家庭。

表6-1　　　　　　　　　　不同性别间的营养摄入总量情况

	脆弱家庭				非脆弱家庭			
	男		女		男		女	
	均值	标准差	均值	标准差	均值	标准差	均值	标准差
每标准人日能量摄入（千卡）	1812	803.0	1885	692.3	2188	889.8	2166	871.7
每标准人日蛋白质摄入量（克）	65.88	31.79	62.25	25.77	79.57	35.63	74.61	31.12
每标准人日脂肪摄入量（克）	27.58	26.10	30.05	25.25	39.91	32.65	37.92	30.91
样本数	415		506		484		502	

数据来源：根据中国健康营养调查（CHNS）数据整理得到。

（2）不同年龄间的营养摄入总量情况。

年龄也是影响家庭内部食物分配的重要因素。出于生长发育的需要，16岁及以下的儿童在食物分配过程中会受到重点照顾。此外，在很多家庭，尤其是东方国家，自古就有尊老爱幼的传统，因此，在家庭食物分配中，60岁以上的老人也往往是受照顾的对象。表6-2给出了脆弱性家庭和非脆弱家庭内部不同年龄间的营养摄入总量情况。从中可以看出，无论是脆弱性家庭还是非脆弱家庭，16岁以下儿童以及60岁及以上的老人在能量摄入方面均处于比较优势的地位，且60岁以上的老人达到了2400千卡的标准。在蛋白质摄入方面，脆弱家庭内部的差距偏大，其中16岁至60岁的成年人摄入均值最高，这与现实观察基本是一致的，即在生活水平一般甚至贫困的家庭中，往往将肉类、豆制品等这些蛋白质的主要来源食物优先提供给家里的主要劳动力食用，以满足其生产劳动的需要。而在非脆弱家庭中，不同年龄组之间就没有明显的差距。

表 6 - 2　　　　　　　　　不同年龄间的营养摄入总量情况

		每标准人日能量摄入（千卡）		每标准人日蛋白质摄入量（克）		每标准人日脂肪摄入量（克）		样本数
		均值	标准差	均值	标准差	均值	标准差	
脆弱家庭	16 岁及以下	1923	676.6	59.62	25.73	32.81	20.72	82
	16 岁至 60 岁	1846	751.7	65.48	29.65	28.85	26.19	612
	60 岁及以上	2134	796.9	60.71	28.77	33.25	27.07	69
非脆弱家庭	16 岁及以下	2367	1025	79.90	27.52	48.72	33.19	33
	16 岁至 60 岁	2107	858.4	78.58	34.89	38.73	31.07	650
	60 岁及以上	2492	915.3	76.08	31.06	41.27	35.11	216

数据来源：根据中国健康营养调查（CHNS）数据整理得到。

6.1.3　脆弱家庭和非脆弱家庭内部营养分配的现状：偏差分数分析[①]

（1）不同性别间营养摄入的偏差分数分析。

表 6 - 3 给出了不同性别间营养摄入的偏差分数，与之前的设想不同的是，脆弱家庭并没有出现性别间的分配不公平的现象。无论是男性还是女性其能量和蛋白质摄入的偏差分数均大于 0，且女性的偏差分数要高于男性的偏差分数。这表明，在现有的样本中，脆弱家庭的男性和女性的营养摄入并未出现明显偏差。相反，在非脆弱家庭中，女性的能量摄入偏差分数反而小于 0，说明非脆弱家庭内部的性别分配差异反而较为明显。当然也需要注意到，脆弱家庭的营养分配的标准差均大于非脆弱家庭，这也说明，脆弱家庭间的食物分配状况差异变动是更为明显的。

————————

　　① 由于脂肪摄入量有一定的限定，并不是越高越好，因此，我们在计算过程中只计算了能量和蛋白质的偏差分数。

表6-3　　　　　　　　　　　　不同性别间营养摄入的偏差分数

	脆弱家庭				非脆弱家庭			
	男		女		男		女	
	均值	标准差	均值	标准差	均值	标准差	均值	标准差
能量摄入的偏差分数	0.0492	0.352	0.112	0.371	0.0118	0.238	-0.0127	0.211
蛋白质摄入的偏差分数	0.0968	0.252	0.114	0.288	0.0768	0.212	0.0621	0.249
N	415		506		484		502	

数据来源：根据中国健康营养调查（CHNS）数据整理得到。

（2）不同年龄间营养摄入的偏差分数分析。

表6-4给出了不同年龄间营养摄入的偏差分数情况。脆弱家庭内部同样并未出现低于0的情况，而且16岁以下和60岁以上的家庭成员在能量摄入方面是更占优势的，但60岁以上的老人能量摄入的偏差分数波动较大。脆弱家庭中三个年龄段的蛋白质摄入的偏差分数差距较小。相反，非脆弱家庭中的16岁至60岁的成年人以及60岁以上的老人的能量摄入的偏差分数小于0，这说明其跟家庭总体情况相比，这两个年龄段的成员能量摄入相对较低。

表6-4　　　　　　　　　　　　不同年龄间营养摄入的偏差分数

		能量摄入的偏差分数		蛋白质摄入的偏差分数		
		均值	标准差	均值	标准差	N
脆弱家庭	16岁及以下	0.119	0.304	0.11	0.293	82
	16岁至60岁	0.0701	0.372	0.100	0.282	612
	60岁及以上	0.153	0.494	0.0923	0.172	69
非脆弱家庭	16岁及以下	0.0890	0.343	0.109	0.239	33
	16岁至60岁	-0.00986	0.218	0.0799	0.262	650
	60岁及以上	-0.0223	0.258	0.0509	0.218	216

数据来源：根据中国健康营养调查（CHNS）数据整理得到。

从前面的描述统计中可以看出，从总量水平来看，农村家庭内部食物分配呈现了典型的按"需求分配"和按"贡献分配"的情况，这与已有的研究以及现实观察基本是一致的。同时也发现脆弱家庭内部并没有出现明显的食物分配不公平的现象，无论是不同性别还是不同年龄间，基本没有出现低于家庭平均水平的情况。但这并不意味着，脆弱家庭间所有的成员在面临条件约束时，其食物分配方面所受影响完全是一致的，因此还需在考虑其他因素的基础上进一步探析影响其家庭食物分配的重要因素，尤其是食物价格的影响。

6.2 脆弱家庭内部营养分配的影响因素分析

6.2.1 数据来源及统计描述

与第五章一样，本章中所用的数据同样来自中国健康营养调查2006年的数据。所不同的是，本章所分析的对象为家庭内部成员个体的营养摄入情况，因此在营养摄入变量方面使用的是家庭成员个体的膳食情况调查，主要是通过24小时个人膳食回顾法得到的食物消费情况，然后进行标准人日的折算。由于本章重点考察的是家庭内部的营养分配情况，因此，在成员个体营养摄入的基础之上，我们还计算了其营养摄入的偏差分数。偏差分数小于0，说明其在家庭营养分配中不占优势，如果其偏差分数大于0，则表明其营养分配处于优势地位。

如前所述，家庭成员的性别和年龄是影响其营养分配的重要因素，除此以外，我们在实证分析中还考虑了个人和家庭中会影响营养分配的其他因素。

第一，个人在家庭中的经济地位。按"贡献分配"是家庭内部食物分配的重要原则，即家庭为了获得总体收益最大化，往往会按照个人在家庭中的经济地位进行食物分配。家庭的主要创收者往往会优先获得优质且足量的食物供给。因此，个人收入是影响其获得营养分配的重要因素。我们使用个人纯收入占家庭人均收入之比来表示个人在家庭收入中的地位，其比重越大，说明其在家庭中的经济地位越高。此外，本书还控制了家庭成员的受教育水平，受教育水平越高的成员越有可能是家庭中的重要经济来源，也就更有可能获得较好的营养分配。

第二，家庭规模和家庭结构是影响其营养分配的重要因素。规模越大的家庭，其食物分配越不容易实现均等。如前所述，除了按贡献分配以外，按需分配也是家庭内部食物分配的重要考虑因素，因此，儿童和老年人在家庭中的占比也会成为影响其营养分配的重要因素。

已有的文献也表明，户主的性别也是影响家庭内部营养分配的重要因素。女性户主的家庭更注重儿童的营养摄入，其受食物价格的冲击也更明显。因此，本章同样考虑了户主的性别。

除了家庭和个人的相关因素之外需要重点考察食物价格对脆弱家庭内部营养分配的影响。与前面几章一致，本章选取了大米、面粉、肉类、蔬菜、豆制品以及蛋类等六大主要食物种类，但在价格处理方面有所不同。本章在分析家庭营养分配时，采用的是二分法，如果其偏差分数大于 0，则认为其在营养分配中占据优势，如果其偏差分数小于 0，则认为其在营养分配中不占优势。因此，为了更直观地分析食物价格对其的影响，本章中将六大类的食物价格也进行了分组，即分别计算各类食物价格的均值，然后将高于食物价格均值的列为高价格组，而低于均值的列为低价格组，这样可以在具体的模型分析中通过选择对照组来分析食物价格对家庭收入分配的影响。

除了以上这些因素之外，我们同样考虑了市场距离和市场规模以及东、中、西部等控制变量。各变量的描述性统计见表 6－5。

表6-5

相关变量的统计描述

变量名称	变量含义	脆弱家庭				非脆弱家庭			
		男		女		男		女	
		均值	标准差	均值	标准差	均值	标准差	均值	标准差
preene1	能量摄入偏差分数是否大于等于0（是=1，否=0）	0.373	0.484	0.460	0.499	0.281	0.450	0.315	0.465
preprol	蛋白质摄入偏差分数是否大于等于0（是=1，否=0）	0.651	0.477	0.652	0.477	0.581	0.494	0.528	0.499
head_m	户主性别（男=1，女=0）	0.966	0.181	0.947	0.225	0.915	0.279	0.859	0.349
hsize	家庭规模（人）	3.448	1.375	3.729	1.462	2.329	0.812	2.271	0.821
age_016	16岁以下儿童的比例	0.150	0.173	0.193	0.187	0.054	0.125	0.076	0.153
age_60	60岁以上老人的比例	0.115	0.229	0.110	0.198	0.276	0.403	0.226	0.366
age_1	16岁以下（是=1，否=0）	0.034	0.181	0.164	0.371	0.027	0.162	0.048	0.214
age_2	年龄为16岁以上60岁以下（是=1，否=0）	0.860	0.347	0.767	0.423	0.667	0.472	0.759	0.428
indinc_per	个人收入与家庭人均收入比	1.807	1.607	1.382	1.194	1.546	1.111	1.297	1.130
edu_year	受教育年限（年）	7.398	3.235	5.652	3.630	7.066	3.409	4.892	3.946
rice_g	大米价格是否高（是=1，否=0）	0.289	0.454	0.300	0.459	0.368	0.483	0.333	0.468
wheat_g	面粉价格是否高（是=1，否=0）	0.588	0.493	0.583	0.494	0.475	0.500	0.432	0.496
egg_g	鸡蛋价格是否高（是=1，否=0）	0.583	0.494	0.642	0.480	0.744	0.437	0.753	0.432
meat_g	肉类价格是否高（是=1，否=0）	0.506	0.501	0.585	0.493	0.486	0.500	0.534	0.5
vegetable_g	蔬菜价格是否高（是=1，否=0）	0.446	0.498	0.530	0.500	0.517	0.500	0.538	0.5

续表

变量名称	变量含义	脆弱家庭				非脆弱家庭			
		男		女		男		女	
		均值	标准差	均值	标准差	均值	标准差	均值	标准差
bean_g	豆类价格是否高（是=1，否=0）	0.593	0.492	0.579	0.494	0.461	0.499	0.446	0.498
d_fmarket	与市场的距离（公里）	4.363	5.835	4.68	6.15	3.657	4.375	3.456	4.105
s_fmarket	市场的规模	93.55	100.3	99.59	112.92	127.3	102.1	130	104.4
east	东部（是=1，否=0）	0.116	0.32	0.138	0.346	0.411	0.493	0.436	0.496
west	西部（是=1，否=0）	0.231	0.422	0.306	0.461	0.215	0.411	0.197	0.398
mid	中部（是=1，否=0）	0.559	0.497	0.468	0.499	0.370	0.483	0.343	0.475
样本量		415	506	484	502				

数据来源：根据中国健康营养调查（CHNS）数据整理得到。

6.2.2　家庭内部营养分配影响因素的 Logistic 模型的结果分析

鉴于我们在分析家庭内部营养分配时，选用的因变量是二分类数据，即偏差分数大于等于 0 的记为 1，偏差分数小于 0 的记为 0，本章通过 Logistic 模型来分析食物价格对家庭内部营养分配的影响。Logistic 模型重点是分析事件的发生比率（odds），即出现某一结果的概率与出现另一结果的概率之比。也就是说，在比较某一群体相对于另一群体时，用发生比率比（odds ratio，OR）为测量指标。如果发生比率比小于 1，说明相对于参照组而言，其暴露于某危险因素的概率要小一些；如果发生比率比等于 1，则意味着两组有相同的概率；如果发生比率比大于 1，则意味着其发生的概率相对参照组更大一些。

为了更好地分析食物价格等因素对家庭内部营养分配的影响，本书将食物价格进行了虚拟变量的处理，以低价格组作为参照组。另外，为了看出不同年龄组的差异，也将年龄也分为三组，其中低于 16 岁的为一组，16～60 岁的为二组，参照组为 60 岁以上的人群。在模型分析过程中，也同时报告了发生比率比，具体计量结果见表 6-6 和表 6-7。

（1）家庭内部能量分配的影响因素分析。

首先分析食物价格对家庭内部能量分配的影响。从表 6-6 中可以看出，对于脆弱家庭而言，无论是男性成员还是女性成员，其能量分配均未受到相关食物价格的显著影响，这说明脆弱家庭内部性别间的能量分配受食物价格等因素相对比较小。相反，对于非脆弱家庭而言，女性和男性的能量分配均受到部分食物价格的显著影响。其中，男性成员受蔬菜价格的影响较大，即高蔬菜价格组的男性能量摄入偏差分数小于 0 的可能性是低蔬菜价格组的 1.66 倍，而对于女性而言，其受面粉和肉类价格的影响较为显著，高面粉价格组的女性能量摄入偏差分数小于 0 的可能性是低价格组的 2.69 倍，但肉类价格较高的组能量摄入偏差分数小于 0 的概率仅为低价格组的 0.56 倍。

虽然脆弱家庭的能量分配情况没有受到食物价格的显著影响，但从表 6-6 中可以看出，脆弱家庭能量分配情况受自身家庭和个人因素影响比较大。例如，户主性别对于脆弱家庭的女性而言，影响更为显著，男性为户主的家庭中的女性能量摄入偏差分数小于0的可能性是女性户主家庭的6.24倍。而且，相对于60岁以上的女性家庭成员而言，16～60岁的女性更容易出现偏差分数小于0的情况。此外，家庭规模、家庭中老年人占比均对脆弱家庭中的女性的能量分配有显著的影响。相反，对于非脆弱家庭而言，其家庭内部能量分配受自身家庭因素的影响相对较小，只有家庭规模这一因素有显著影响。

（2）家庭内部蛋白质分配的影响因素分析。

先来分析食物价格对家庭内部蛋白质分配的影响。从表6－7中可以看出，对于脆弱家庭的男性成员而言，其蛋白质分配并未受到相关食物价格的显著影响，这说明脆弱家庭内部男性成员的蛋白质分配受食物价格等因素相对比较小。但对于脆弱家庭内部的女性成员而言，其蛋白质分配受肉类价格和蛋类价格的影响较为显著。其中，摄入高价格肉类组的女性比摄入低价格肉类组的女性所面临的蛋白质摄入偏差分数小于0的概率要高2.4倍，而在鸡蛋这一比例则高达4.6倍。肉类和鸡蛋是农村家庭蛋白质的重要来源，这一结果表明当这两类食物价格产生波动时，脆弱家庭内部的女性会受到显著影响。对于非脆弱家庭而言，女性的蛋白质分配受食物价格的影响同样显著。其中，其受鸡蛋价格的影响较大，即高价格鸡蛋组的蛋白质摄入偏差分数小于0的可能性是低价格鸡蛋组的2.57倍，但肉类价格较高的组能量摄入偏差分数小于0的概率仅为低价格组的0.57倍。此外，非脆弱家庭中的女性的蛋白质分配受豆制品价格的影响也较为显著。

此外，从表6－7中还可以看出，脆弱家庭蛋白质分配情况受自身家庭和个人因素影响比较大。例如，户主性别对于脆弱家庭的女性而言，影响依然显著，男性户主家庭中的女性蛋白质摄入偏差分数小于0的可能性是女性户主家庭中的女性的3.55倍。而且，相对而言，对于脆弱家庭中16～60岁的男性出现偏差分数小于0的可能性仅为60岁以上的男性家庭成员的0.32倍。此外，家庭规模、家庭中老年人占比均对脆弱家庭中的女性的蛋白质分配没有显著影响。相反，对于非脆弱家庭而言，其家庭内部能量分配受自身家庭因素的影响相对较大，家庭规模和家庭结构对其男性和女性成员均有显著影响。

表6-6　食物价格对家庭内部能量分配的影响回归结果（Logistic 模型）

	脆弱家庭				非脆弱家庭			
	男		女		男		女	
	回归系数	OR	回归系数	OR	回归系数	OR	回归系数	OR
户主为男性	1.092 (1.77)	2.979	1.832*** (3.92)	6.244***	-0.058 (-0.15)	0.944	0.228 (0.83)	1.257
家庭规模	0.275* (2.41)	1.316*	0.433*** (4.28)	1.542***	0.783*** (4.29)	2.188***	0.289* (2.12)	1.335*
16岁以下孩子占比	1.241 (1.51)	3.459	0.394 (0.56)	1.484	-2.024 (-1.91)	0.132	-0.524 (-0.68)	0.592
60岁以上老人占比	1.877* (2.42)	6.534*	1.531* (2.06)	4.624*	-0.023 (-0.04)	0.977	-0.140 (-0.24)	0.869
是否为16岁以下	0.199 (0.25)	1.220	0.895 (1.46)	2.447	0.512 (0.61)	1.669	-0.859 (-1.29)	0.423
是否为60岁以上	0.900 (1.63)	2.459	1.265* (2.24)	3.543*	0.145 (0.26)	1.156	-0.601 (-1.11)	0.548
家庭个人收入	0.089 (1.13)	1.093	0.025 (0.26)	1.026	0.153 (1.59)	1.165	0.035 (0.38)	1.035
个人受教育水平	0.005 (0.12)	1.005	-0.035 (-1.11)	0.966	0.054 (1.58)	1.055	0.000 (0.00)	1.000
大米价格	0.303 (0.89)	1.354	-0.010 (-0.03)	0.990	-0.126 (-0.33)	0.881	-0.747 (-1.91)	0.474 (-1.91)
面类价格	-0.621 (-1.67)	0.538	-0.085 (-0.27)	0.919	-0.059 (-0.16)	0.943	0.991** (2.76)	2.693**

续表

| | 脆弱家庭 | | | | 非脆弱家庭 | | | |
| | 男 | | 女 | | 男 | | 女 | |
	回归系数	OR	回归系数	OR	回归系数	OR	回归系数	OR
鸡蛋价格	0.039 (0.09)	1.040	0.425 (1.06)	1.529	0.379 (1.22)	1.461	0.203 (0.68)	1.225
肉类价格	0.250 (0.84)	1.284	0.416 (1.51)	1.516	0.065 (0.29)	1.068	-0.579** (-2.83)	0.560**
蔬菜价格	-0.337 (-0.91)	0.714	-0.331 (-1.02)	0.718	0.507* (2.17)	1.661*	-0.091 (-0.41)	0.913
豆类价格	0.269 (0.87)	1.308	-0.064 (-0.25)	0.938	0.264 (0.81)	1.303	-0.552 (-1.80)	0.576
市场距离	0.100 (0.81)	1.105	0.008 (0.07)	1.008	0.127 (1.08)	1.135	-0.095 (-0.82)	0.910
市场规模	-0.296* (-2.24)	0.744*	-0.237* (-2.07)	0.789*	0.176 (1.46)	1.193	0.061 (0.56)	1.063
东部地区	1.493** (2.82)	4.451**	-0.567 (-1.48)	0.567	0.132 (0.52)	1.141	0.093 (0.39)	1.097
西部地区	0.516 (1.33)	1.675	0.308 (0.87)	1.361	-0.829* (-2.37)	0.436*	0.153 (0.48)	1.165
常数项	-1.933 (-1.50)		-3.101** (-3.13)		-3.569** (-3.13)		0.221 (0.25)	
N	377		478		472		491	
pseudoR^2	0.108		0.125		0.093		0.051	

注：括号内为t统计量，*、**、***分别表示在10%，5%和1%的水平下显著。

表6－7　食物价格对家庭内部蛋白质分配的影响回归结果（Logistic模型）

	脆弱家庭				非脆弱家庭			
	男		女		男		女	
	回归系数	OR	回归系数	OR	回归系数	OR	回归系数	OR
户主为男性	0.986 (1.51)	2.681	1.266* (2.49)	3.547*	-0.509 (-1.32)	0.601	-0.325 (-1.07)	0.723
家庭规模	0.853*** (7.04)	2.347***	0.757*** (6.94)	2.132***	0.960*** (5.25)	2.612***	0.420** (2.90)	1.523**
16岁以下孩子占比	-1.388 (-1.65)	0.249	-0.894 (-1.18)	0.409	-4.763*** (-3.60)	0.009***	-1.947* (-2.21)	0.143*
60岁以上老人占比	-0.112 (-0.14)	0.894	0.641 (0.87)	1.898	-0.714 (-1.09)	0.490	-2.489*** (-3.60)	0.083***
是否为16岁以下	-1.635 (-1.89)	0.195	0.438 (0.72)	1.550	0.119 (0.13)	1.126	-1.456 (-1.92)	0.233
是否为60岁以上	-1.144* (-1.96)	0.319*	0.618 (1.11)	1.854	-0.809 (-1.41)	0.445	-2.032** (-3.17)	0.131**
家庭个人收入	0.085 (1.19)	1.089	-0.143 (-1.44)	0.866	0.027 (0.25)	1.027	0.007 (0.07)	1.007
个人受教育水平	-0.023 (-0.57)	0.977	-0.062 (-1.84)	0.940	0.096* (2.50)	1.101*	0.001 (0.03)	1.001
大米价格	0.040 (0.10)	1.040	-0.119 (-0.34)	0.888	-0.191 (-0.46)	0.827	-0.285 (-0.74)	0.752
面类价格	-0.595 (-1.52)	0.551	-0.379 (-1.09)	0.685	0.184 (0.46)	1.202	0.605 (1.70)	1.832

续表

| | 脆弱家庭 | | | | 非脆弱家庭 | | | |
| | 男 | | 女 | | 男 | | 女 | |
	回归系数	OR	回归系数	OR	回归系数	OR	回归系数	OR
鸡蛋价格	-0.008	0.992	1.529***	4.612***	0.294	1.342	0.947**	2.578**
	(−0.02)		(3.38)		(0.84)		(2.69)	
肉类价格	0.289	1.335	0.878**	2.405**	-0.186	0.830	-0.554*	0.574*
	(0.93)		(2.93)		(−0.75)		(−2.44)	
蔬菜价格	-0.156	0.855	-0.675	0.509	-0.152	0.859	0.055	1.057
	(−0.42)		(−1.83)		(−0.61)		(0.23)	
豆类价格	0.246	1.279	-0.503	0.605	0.154	1.167	-0.876*	0.417*
	(0.77)		(−1.75)		(0.45)		(−2.33)	
市场距离	-0.081	0.922	0.223	1.249	0.146	1.158	-0.023	0.977
	(−0.60)		(1.86)		(1.07)		(−0.18)	
市场规模	-0.277*	0.758*	-0.193	0.824	-0.110	0.896	-0.157	0.855
	(−2.00)		(−1.66)		(−0.83)		(−1.27)	
东部地区	1.124*	3.077*	-0.595	0.552	0.366	1.442	0.241	1.273
	(2.34)		(−1.40)		(1.31)		(0.94)	
西部地区	0.818*	2.266*	0.149	1.161	0.117	1.124	0.228	1.256
	(2.14)		(0.42)		(0.30)		(0.65)	
常数项	-2.370		-3.850***		-2.613*		1.693	
	(−1.79)		(−3.79)		(−2.31)		(1.65)	
N	377		478		472		491	
pseudoR²	0.221		0.267		0.106		0.073	

注：括号内为 t 统计量，*、**、*** 分别表示在 10%、5% 和 1% 的水平下显著。

6.3 本章小结

本章首先对脆弱家庭和非脆弱家庭的家庭内部营养分配状况进行了分析，并运用 Logistic 回归模型分析了影响两类家庭内部营养分配的相关因素。分析的结果表明，在本书已有的样本中，脆弱家庭内部的食物分配并没有显著差异，且其男性和女性的营养分配受食物价格的影响并不显著。本书认为这主要是因为家庭内部的食物分配的显著不均造成，一般都发生在食物匮乏的情况下。而我国目前并没有出现类似于其他不发达国家，尤其是非洲国家等的严重粮食缺乏现象。

近年来，我国的扶贫工作取得了重大成绩，解决了 95% 以上人口的温饱问题，基本满足了绝大多数人口的食物需求。在粮食得到基本满足时，家庭内部就不会出现因食物缺乏而出现分配不均的现象。同时，我国一直有"尊老爱幼"的优良传统，理论上按照贡献分配的情况在我们的样本中表现并不突出。在食物需求基本得到满足的同时，对家庭中的儿童和老人的分配也相对均等。同时，农村家庭中的妇女也是重要的劳动力，因此也没有出现一些研究中所发现的女性在食物需求中处于不利地位的现象。当然，这并不意味着在市场化进程中不必关注食物价格变动对脆弱家庭内部分配的影响，毕竟随着营养水平的提高，其受市场化的影响会日渐显著，从非脆弱性家庭的运行结果中也可见一斑。

第七章

市场化进程对农户福利的影响：
一个扩展讨论

　　如前言中所提出的，农户兼具生产者和消费者双重属性，因此，食物价格上升一方面会增加其消费成本，另一方面也会增加他的生产收入。从第五章和第六章的分析结论中也可以发现，大米等谷物价格对家庭营养摄入的影响为正。之前本书认为这是由价格上涨对农户的收入效应大于消费效应带来的，而造成这一结果的原因在于谷物的自给自足率较高。为了验证这一猜想，本章试图做进一步的扩展讨论，从消费者剩余和生产者剩余角度分析食物价格对农户福利的影响。

　　农户扣除自给自足的部分，剩下的农产品用于市场出售。因此，要分析食物价格的上升对于农户的福利影响，必须分析农户在与此食物相关的农产品的消费中是生产多一点还是消费更多一点。举例来说，如果一个农户将其生产的所有小麦全部卖出，也就是小麦的商品化率为100％，那么该农户在日常的生活中对小麦的消费将会完全依赖市场购买。这就意味着，一旦小麦价格上升，其销售收入会随之增加，而另一方面，其在市场中的消费成本也会增加。当然，如果其保留一部分小麦用于自家消费，那么，当价格上升时，虽然其销售收入不如完全商品化率的时候高，但自家消费的部分市场价值也在增加，相当于其消费者剩余提高了，因此，对于农户而言可能是有利的。由此可以看出，农产品商品化率会影响农户在该农产品的市场交易中的福利分成。当然，农产品自身的需求和供给的价格弹性也是重要影响因素之一。本章接下来将从理论推导的角度来分析这一问题，同时尝试用已有的经验数据进行初步验证。

7.1 市场化进程对农户福利影响的理论分析

7.1.1 农产品价格变动对农户福利的影响：速水拉坦模型

本节的主要理论框架来自 Yujiro Hayami 和 Robert W. Herdt（1977）的文章启示。其文献章主要是分析技术进步导致的农产品价格下降所带来的收入分配效应，文章中给出了农产品价格下降对于半自给农户福利影响的分析方法。本书重点考察的是价格变动对农户的福利影响，而不关注是何原因引起的价格波动。因此，本书只是在其框架的基础之上稍作改动，并通过中国的数据分析，以说明主要问题。

要分析农产品价格波动对农户的福利影响，必须先确定农产品价格的需求和供给函数。首先我们假定某类农产品 j 的需求函数和供给函数均为固定弹性，即：

$$q = c\,p^{-\eta} \tag{7.1}$$

$$q = b\,p^{\beta} \tag{7.2}$$

其中，p 和 q 分别为该农产品的需求和供给的价格和数量，η 为需求的价格弹性，β 为供给的价格弹性。

众所周知，农产品的价格上升或下降是由多种因素共同作用而成的。例如，近年来的农产品价格的不断上涨，其中既有需求量增加的因素，也有农业生产成本上升带来的影响。但本章暂不考虑由于居民消费习惯改变所带来的需求函数变化。本书认为无论是技术、成本还是市场需求的变动，最终都会反映在农户的生产行为当中。因此，本书将由这些因素带来的供给行为的变动率统一记为 k。[①] 即供给函数变为：

$$q = b(1 + k)\,p^{\beta} \tag{7.3}$$

除了固定弹性的供给函数和需求函数以外，本书还假定农户在出

[①] 在 Yujiro Hayami 和 Robert W. Herdt（1977）的文中，他们将 k 记为技术进步所带来的供给变动。

售农产品时会保留一部分用于自家消费，没有完全商品化，而且这部分消费在一段时间内保持固定不变。在此，用 r 表示该农产品的商品化率，即农户将所有产量中的 r 部分出售，剩下的（$1-r$）部分用于自家消费。

按照以上假设，本书用图 7-1 对农产品价格对消费者剩余和生产者剩余的影响进行初步分析。图 7-1 中的垂直曲线 D_HH 表示的是农户用于自身消费的需求曲线，OH 即为农户自家的消费量。曲线 DM 表示的是市场上非生产的消费者的需求曲线。前面所提到的供给函数（式（7.2）和式（7.3））分别由 S_0 和 S_1 表示。S_0 表示的是初始价格下的情况，S_1 表示的是价格上升后的情况。

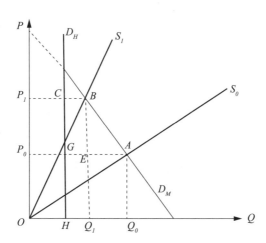

图 7-1 消费者剩余与生产者剩余的变动情况

从图 7-1 中我们可以看出，随着供给曲线的变化，市场均衡由 A 点转为 B 点。市场上的非生产者的消费量将由 HQ_0 减少到 HQ_1，$ABCG$ 的面积即为非生产的消费者减少的剩余。而农户作为生产者的剩余则由原来的 $AGHQ_0$ 变为了 $BECG$。虽然从图中的面积看来，农户的生产者剩余似乎由于消费量的下降而有所减少，但同时也要看到，由于农户有部分农产品是用于自家消费，因此他们还享有一部分消费者剩余，并且随着价格的上升，其消费剩余由 P_0GOH 变为 P_1COH，增加了面积 P_1P_0CG。因此，对于农户而言，其净剩余并没有减少。当然，从图中也可以看出，农户的净剩余的多少与 OH 在所有产出中的占比以及供给和需求曲线的斜率，即需求和供给的价格弹性有关系。在这里本书将直接采用速水拉坦（2001）的推导结论，表达式见表 7-1。

表 7-1　农产品价格变动对消费者剩余和生产者剩余变动的影响

	总体情况	农户个体
供给曲线变动率（k）	$-\sigma(\beta+\eta)$	$-\sigma(\beta+\eta)$
非生产者的消费者剩余（ΔCSC）	$p_0 q_0 \left(\dfrac{kr}{\beta+\eta}\right)$	
生产者的消费者剩余（ΔCSP）	$p_0 q_0 k \dfrac{(\eta-r)}{\beta+\eta}$	$p_0 q_{0i} k \dfrac{(1-r_i)}{\beta+\eta}$
生产者剩余（ΔPS）	$p_0 q_0 \dfrac{(\eta-1)}{(1+\beta)(\beta+\eta)}$	$p_0 q_{0i}\left(k_i - \dfrac{\beta_i k_i}{1+\beta_i} - \dfrac{k}{\beta+\eta}\right)$
生产者净收益（$\Delta NGP = \Delta CSP + \Delta PS$）	$p_0 q_0 k \dfrac{\eta-r+\beta(1-r)}{(1+\beta)(\beta+\eta)}$	$p_0 q_{0i}\left(k_i - k_i \dfrac{\beta_i}{1+\beta_i} - k \dfrac{r_i}{\beta+\eta}\right)$

注：σ 为价格变动比率。

资料来源：速水佑次郎，弗农·拉坦.《农业发展的国际分析》，中国社会科学出版社，第 429-433。

7.1.2　农产品价格对消费者剩余和生产者剩余影响：数学推导

根据已有假设，在需求函数式（7.1）和供给函数式（7.2）共同作用下，得到市场均衡点（p_0，q_0），其中，$q_0 = c p_0^{-\eta}$；$q_0 = b p_0^{\beta}$。在此基础上，我们可以得到：

$$p_0^{\beta+\eta} = \frac{c}{b} \qquad\qquad (7.4)$$

当供给根据市场发生变化时，即根据式（7.1）和式（7.3）我们可以得到：

$$p_1^{\beta+\eta} = \frac{c}{b(1+k)} \qquad\qquad (7.5)$$

根据式（7.4）和（7.5）我们可以得到：

$$\left(\frac{p_1}{p_0}\right)^{-(\beta+\eta)} = 1 + k \qquad\qquad (7.6)$$

根据泰勒一阶展开式，我们可以将式（7.6）近似地表示为：

$$p_1 \cong p_0 \left(1 - \frac{k}{\beta + \eta} \right) \tag{7.7}$$

从式（7.7）可以看出，若 k 小于 0，则 p_1 大于 p_0，反之，若 k 大于 0，则 p_1 小于 p_0。[①]

同理可得：$q_1 \cong q_0 \left(1 + \frac{\eta k}{\beta + \eta} \right)$ （7.8）

在此基础上，非生产的消费者剩余（ΔCSC）就可以表示为：

$$\Delta CSC = 面积 ACGB = 面积 A P_0 P_1 B - 面积 C P_0 P_1 G = \int_{p0}^{p1} c \, p^{-\eta} dp - q_0$$

$$(1 - r)(p_1 - p_0) \cong p_0 \, q_0 \left(\frac{kr}{\beta + \eta} \right) \tag{7.9}$$

从式（7.9）中可以看出，非生产的消费者剩余与农产品的商品率 r、k 以及供给和需求的价格弹性有关。具体而言，如果价格上升，也就是当 k 小于 0 的时候，非生产的消费者剩余一定是降低的，同时，若农产品的商品化率越高，那么其降低程度越大；相反，若价格下降，即 k 大于 0 的时候，非生产的消费者剩余是增加的。

同理，农户销售农产品得到的收入变动可以表示为：

面积 $BE Q_0 Q_1$ – 面积 $ACH Q_0 = p_1(q_1 - q_0) - q_0 r(p_0 - p_1)$

$$\cong p_0 q_0 k \frac{(\eta - r)}{\beta + \eta} \tag{7.10}$$

而农户的生产成本变动表示为：

面积 $BO Q_1$ – 面积 $AO Q_0 = p_1(q_1 - q_0) - q_0 r(p_0 - p_1)$

$$\cong p_0 \, q_0 k \frac{\beta(\eta - 1)}{(1 + \beta)(\beta + \eta)} \tag{7.11}$$

式（7.10）表明，当价格上升时，即 k 小于 0 的时候，农户的收入是增加还是减少主要取决于 r 和 η 的大小，即若农产品的商品化率 r 大于需求的价格弹性的绝对值 η，那么当价格上升时，农户收入也会增加；相反，

---

① 在 Yujiro Hayami 和 Robert W. Herdt（1977）的文中，他们认为技术进步会降低农产品价格，因此将 k 假设为 10%，是大于 0 的。

农户的收入随着价格的上升会下降。

式 (7.11) 表明，当价格上升时，即 k 小于 0 时，且农产品的需求价格弹性小于 1 的时候（一般而言，农产品的需求价格弹性都相对比较小），那么农户的生产成本实际上是增加的。那么，农户的净收益就等于式 (7.10) 减去式 (7.11)，即：

$$\Delta PS \cong p_0 q_0 k \frac{\eta - r + \beta(1 - r)}{(1 + \beta)(\beta + \eta)}]$$
(7.12)

Yujiro Hayami 和 Robert W. Herdt（1977）也指出市场上存在许多个体农户，他们由于规模、技术改进能力以及其他因素的不同，其各自的供给价格弹性也不尽相同。他们认为总的供给价格弹性 β 是个体农户供给价格弹性（β_i）的加权数，即 $\beta = \sum_i w_i \beta_i$。同样，总供给变动的程度也是个体农户供给曲线变动的加总，即 $k = \sum_i w_i k_i$。

与前面的分析方法相同，可得到：

个体农户的现金收入变动 $\cong p_0 q_{0i}\left(k_i - k\dfrac{\beta_i + r_i}{\beta + \eta}\right)$
(7.13)

个体农户的生产成本变动 $\cong p_0 q_{0i}\dfrac{\beta_i}{1 + \beta_i}\left(k_i - k\dfrac{\beta_i + 1}{\beta + \eta}\right)$
(7.14)

个体农户的净收益变动 $\cong p_0 q_{0i}\left(k_i - k_i\dfrac{\beta_i}{1 + \beta_i} - k\dfrac{r_i}{\beta + \eta}\right)$
(7.15)

其中，q_{0i} 和 r_i 表示的是第 i 个生产者的商品化率和供给量。

至此，理论分析中仍然假设家庭消费的比例是固定的，即农产品的商品化率 r 是不随需求和供给变化的。Yujiro Hayami 和 Robert W. Herdt（1977）认为市场价格的变动对家庭消费的影响并不是很显著，但产出的增加却会使家庭消费增长明显。所以，随着农产品产量的增加，农户用于自家的消费量也会随之增加。如图 7 - 2 所示，农户自家的消费曲线 DHH 向右移动至 DH^*H^*。

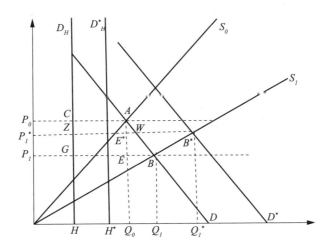

图 7－2　当 r 随产量变化时生产者剩余与消费者剩余的变动

假设家庭消费的变动率为 m，即：

$$m = \frac{HH^*}{OQ_0} = \frac{\Delta h}{q_0} \cong \frac{\Delta q}{q_0} \delta(1-r) \qquad (7.16)$$

其中 δ 为农户家庭消费对农产品产量的弹性，记为 $\delta = \frac{\Delta h}{\Delta q} \frac{q}{h}$。

假设 m 为固定值，即总需求可以近似的表示为：

$$q = c(1+m)p^{-\eta} \qquad (7.17)$$

因此，由于家庭消费变动以及农产品供给曲线变动的共同作用，均衡价格和均衡产量会变为：

$$p_1^* \cong p_0 \left(1 - \frac{k}{\beta+\eta} + \frac{m}{\beta+\eta}\right) \qquad (7.18)$$

$$q_1^* \cong q_0 \left(1 - \frac{\eta k}{\beta+\eta} + \frac{\beta m}{\beta+\eta}\right) \qquad (7.19)$$

从式（7.19）中可知：

$$\frac{\Delta q}{q_0} \cong \frac{\eta k}{\beta+\eta} + \frac{\beta m}{\beta+\eta} \qquad (7.20)$$

将式（7.20）代入（7.16）可得：

$$m \cong \frac{k\eta\delta(1-r)}{\beta+\eta-\beta\delta(1-r)}$$

我们可以在已知 β、η、δ、r 的基础上得到 m 的具体数值。与前面的推导一样，我们可以得到消费者剩余、生产者的现金收入、生产成本以及净收益的公式表达，在此不再赘述。

7.2 食物价格对农户福利影响的经验验证

从前面的数学推导中可以看出，在存在自给自足的情况下，农户的净收益以及非生产的消费者的收益均与该农产品的需求价格弹性（η）、供给价格弹性（β）、农产品的商品化率（r）以及由于各种因素的影响而带来的供给的变动率（k）有关。这一结果也验证了本书之前的推测，即由于农产品商品化率不同，即农户的自给自足的程度不同，农户在生产和消费中受到农产品价格的影响也会不同。而不同的农产品由于其自身的供给价格弹性和需求价格弹性不同，其价格变化对农户的福利影响程度也会不同。本节接下来就是通过已有的经验数据结果来分析食物价格变化对农户福利的影响。

7.2.1 数据来源及说明

从第二章的文献综述中可以看出，已有很多文献对我国农村居民的食物消费的需求价格弹性进行了分析，表7-2中列出了部分重要文献的研究结果。这些研究中，既有宏观数据的分析结果，也有用微观调查数据进行的测算，基本可以代表我国农村居民的食物消费需求弹性情况。本书将根据这些研究结果，来确定粮食、蔬菜、肉类、鸡蛋等4种主要食物的需求价格弹性。从表7-2可以看出，像水稻、小麦为代表的粮食作物的需求价格弹性一般都较小，其绝对值均值在0.4~0.5左右。为了便于分析，本书将粮食的需求价格弹性（$-\eta_1$）设为 -0.4。而蔬菜的需求价格弹性（$-\eta_2$）比粮食类农产品略高，所以将其设定为 -0.5。表7-2中可以看出肉类的需求价格弹性（$-\eta_3$）要明显高于粮食，而且猪肉是我国农村居民消费的主要品种，因此，根据表7-2的结果，将肉类的需求价格弹性定为 -0.8，而鸡蛋的需求价格弹性（$-\eta_4$）则为 -0.6。

表7-2　　　　　　　　　已有文献中关于农产品需求价格弹性的结果

食物种类	所用数据来源	弹性计算方法	文献来源
小麦（-0.78）、水稻（-0.76）、蔬菜（-0.28）、水果（-0.54）、猪肉（-0.89）、蛋类（-0.6）、牛肉（0.46）、禽类（-0.82）	江苏省农村住户调查数据，样本农户2000多户	AIDS	周曙东（2003）
小麦（-0.4164）、大米（-0.3164）、蛋类（-0.1625）、家禽（-0.923）、牛肉（-0.5632）、猪肉（-0.6320）	2003年粮食主产区农户收入动态监测调查，样本为3000多农户	AIDS	李小军（2005）
粮食（-0.687）、蔬菜（-0.734）、水果（-0.947）、猪肉（-0.812）、牛肉（-0.902）、家禽（-0.921）、鸡蛋（-0.362）	陕西省2005年调查数据，2200个农户	LES-AIDS	屈小博（2007）
粮食（-0.2861）、肉类（-0.2658）、禽蛋类（-0.08）、水产品（-1.8421）	中国统计年鉴、中国农村统计年鉴（1988—2009）	LA/AIDS	王志刚（2012）
河北：小麦（-0.3734）、大米（-1.0403）、蔬菜（-0.4946）、猪肉（-0.15）、羊牛肉（-0.0214）、鸡肉（-0.1585）、蛋（-0.667）；浙江：小麦（-4.5079）、大米（-0.2221）、蔬菜（-0.3097）、猪肉（-0.4076）、牛羊肉（-3.0156）、鸡（-1.3549）、蛋奶类（-0.6510）	中国农村固定观察点数据（河北、浙江，2004年）	AIDS	穆月英（2007）
粮食（-0.977）、蔬果（-1.0073）、肉蛋奶（-0.8021）	2009年全国农户调查数据	LA/AIDS	喻闻（2012）
低收入群体：粮食（-0.1）、蔬菜（-0.196）、肉禽蛋奶（-0.196）；中等收入群体：粮食（-0.417）、蔬菜（-0.705）、肉蛋奶（-0.165）；高收入群体：粮食（-1.068）、蔬菜（-0.731）、肉禽蛋奶（-0.498）	中国农村贫困监测报告（2001—2004）、中国农村住户统计年鉴（2001—2004）	ELES-LES	卢娟（2006）

注：括号内为需求价格弹性。数据来源：根据表中文献整理得到。

　　关于供给价格弹性方面的分析，已有文献并不多，尤其是对单类农产品的测度。表7-3列出了本书所知的部分文献的研究结果。在此，我们主要关注农产品价格对农户福利的短期影响，所以我们主要参考已有研究中的短期供给价格弹性。其中，粮食的供给价格弹性（β_1）设定为0.1，蔬菜（β_2）为 0.2[①]，肉类（β_3）为 0.4，鸡蛋（β_4）为 0.4。

表7-3　已有文献中关于农产品供给价格弹性的结果

农产品种类（供给价格弹性）	所用数据来源	弹性计算方法	文献来源
粮食：主产区（0.28），产销平衡区（0.23），主销区（0.06）	1978—2011 年中国统计年鉴、中国农村统计年鉴等	柯布道格拉斯生产函数、线性回归	徐永金（2013）
大米供给弹性（0.046）	全国农产品成本收益资料汇编（1991—2009）；中国统计年鉴（1991—2009）	柯布道格拉斯生产函数，双对数模型	黄珊珊（2014）
小麦供给弹性：短期（0.123）长期（1.163）	中国统计年鉴、中国农产品价格调查年鉴（1998—2009）	Nerlove 模型	刘俊杰（2011）
蔬菜供给弹性：短期（0.1372）；长期（0.2722）	中国统计年鉴（1984—1995）	适应性预期模型	王秀清（1996）
鸡蛋供给弹性：短期（0.3962）；长期（0.7382）	中国畜牧业统计年鉴（2001—2010）	Nerlove 模型，动态GMM 回归	蔡少杰、周应恒（2014）
猪肉：短期（0.3736）；长期（0.7647）	中国畜牧业统计年鉴（2001—2013）	Nerlove 模型	孙秀玲等（2014）

注：括号内为供给价格弹性。

在确定了 β 和 η 之后，根据前面公式，在给定价格变动率的情况下，得到供给曲线的变动率（k）。

此外，农产品的商品化率（r）取决于农户的农产品出售量。当前我国农户的食物消费中既有自给自足的部分，也有购买的食物量。由于已有年鉴中缺少以家庭为单位的人均农产品产量，因此，本书在此将农村居民家庭主要食品产量等于其出售量加上自给自足的部分，而自给自足取决于消费总量减去购买的总量，具体的数值见表7-4。

---

① 王秀清（1998）的研究结果中蔬菜的供给价格弹性为 0.137，其所用数据距今已近 20 年，考虑到经济发展水平和居民消费习惯的变化，我们将其提高为 0.2。

表 7 – 4　　　　　　2012 年中国农村家庭主要食品消费及购买情况

	粮食	蔬菜	猪肉	蛋
农村居民家庭主要食品消费量（千克/人）	161	84.7	14.4	5.9
农村居民家庭主要食品出售量（千克/人）	506.8	164.1	30.7	10.1
农村居民家庭主要食品自给自足量（千克/人）	95.9	52	4	1.7
农村居民家庭购买主要食品量（千克/人）	65.1	32.7	10.4	4.2
商品化率（r）＝出售量/（出售量＋自给自足量）	0.84	0.76	0.88	0.86

数据来源：《中国住户调查年鉴》（2013）。

至此，本书已将计算农产品价格对农户福利影响的主要数值确定，接下来将进行具体测算，并对测算结果进行讨论和分析。

7.2.2　不同农产品价格变动对农户福利的影响

本书将各种农产品的总需求价格弹性、总供给价格弹性和商品化率的数值代入表 7 – 1 相应的公式中，并假定每种农产品价格的变动比率均为上涨 10%。计算结果见表 7 – 5。

表 7 – 5　　不同农产品价格上涨对农产品消费者和生产者福利的总体影响
（价格上涨 10%）

	谷物	蔬菜	肉类	蛋类
总需求价格弹性（η）	0.4	0.5	0.8	0.6
总供给价格弹性（β）	0.1	0.2	0.2	0.2
商品化率（r）	0.84	0.76	0.88	0.86
供给曲线变动（k）	– 0.05	– 0.07	– 0.1	– 0.08
非生产的消费者剩余（ΔCSC）	– 8.4	– 7.6	– 8.8	– 8.6
生产者的消费者剩余（ΔCSP）	– 1.6	– 2.4	– 1.2	– 1.4
生产者剩余（ΔPS）	5.45	4.17	1.67	3.33
生产者净收益（ΔNGP）	3.85	2.52	0.47	2.42
社会总收益（$\Delta CSC + \Delta NGP$）	– 4.55	– 5.08	– 8.33	– 6.18

注：计算中令初始价值 $Y = p_0 q_0 = 100$。

从表 7 – 5 中可以发现，总的来看，农产品价格上涨对非生产的消费者的福利影响均为负，对生产者的福利影响都为正。但不同农产品的价格变动对于消费者和生产者的福利影响有所不同。

第一，当粮食价格上涨 10% 的时候，消费者剩余总体减少了 10 个单位，其中 84% 是非生产的消费者剩余损失，而 16% 是生产者的消费者剩余减少。本书认为这主要是因为粮食为基本食物需求，其需求价格弹性相对较低，因此，一旦价格上涨，消费者就要为此付出更多的成本。在现实生活中，粮食等农产品在农村居民的食物消费结构中仍然占据重要位置，农户在出售粮食过程中基本会留足自己家庭的基本所需。同时，粮食价格的上涨有助于增加农户的生产者剩余。表 7-5 中的结论表明，生产者净收益在价格上涨过程中收益增加了 3.85 个单位，这说明在现有的商品化率的情况下，粮价上涨对农户而言是有利的。同理，当价格下降 10% 时，生产者的净福利则是下降的。本书通过数据模拟也发现，如果将粮食的商品化率降低至 0.4，则生产者的净剩余会下降至负数（-0.55），这主要是由于生产者的生产者剩余减少导致的。这说明，粮食的商品化率提高有利于增加粮食生产者的福利，但在价格上涨时需要加大对城镇居民等非生产者的福利关注。

第二，对于蔬菜而言，当价格上涨 10% 时，消费者总剩余也减少了10%，其中非生产剩余占 76%，而生产者的消费者剩余占 24%。这说明，对于农户而言，蔬菜的价格上涨对于他们的消费者福利损失比粮食更多，再加上生产者剩余之后，其净福利依然是增加的，只是增加幅度较粮食小。这与其需求价格弹性大且商品化率稍低有一定的关系。总的来看，蔬菜价格上涨带来的社会总收益是负的。如果蔬菜的商品化率降低一半，蔬菜种植者会因为蔬菜价格的上涨而损失更大的生产者剩余，使其净福利下降。

第三，肉类价格的上涨对社会总收益来说影响是最大的，社会总收益下降了 8.33 个单位。就消费者剩余而言，非生产的消费者剩余损失占消费者剩余的 88%，生产者的消费者剩余损失占 12%。这说明，肉类作为商品化程度比较高的农产品，其消费需求价格弹性也较高，因此对非生产的消费者剩余损失影响较大。但也需要看到，肉类价格上涨并没有使农户净收益的增加很多，相较蔬菜和粮食，其净收益仅增加了 0.47 个单位。

由于肉类本身就是商品化率较高的农产品，但其供给由于受技术、疫病以及市场波动的影响，其供给弹性和需求弹性相对较大。如果可以降低供给弹性，将其由 0.4 变为 0.2，那么在价格上涨比例不变的情况下，生产者的损失会相对减少。这说明可以通过为生产者提供更多生产保障的方式，使其供给更为稳定，这有利于减少价格上涨而引发的社会福利损失。

第四，与肉类相似，鸡蛋对非生产的消费者剩余影响较大，其损失占总消费者剩余损失的86%，与其商品化率较高是相关的。但对于生产者而言，蛋类的生产者剩余相对较高，鸡蛋生产者的净收益相对肉类是较高的。同样当其供给弹性由 0.4 变为 0.2 时，在价格上涨率不变的情况下，生产者的净收益也会有所增加。这说明，对于蛋类产品的生产者而言，稳定的供给状态更有利于其获得价格上涨带来的收益增加。

7.2.3　农产品价格上涨对不同规模农户的福利影响

从前面的分析可知，价格上涨对于农户福利的影响主要受其供给和需求价格弹性以及供给曲线变动的程度所影响。由于不同类型的农户受自身的经营规模、技术条件以及其他因素的影响，其供给曲线及供给价格弹性不尽相同，因此当价格上涨时，不同类型的农户其福利变动也会有差异。本书主要以规模大小来划分农户类型，将农户分为规模经营农户和小农户。总的来说，本书认为这两者在农产品商品化率、供给弹性以及供给曲线变化率方面均有所不同。从现实观察来看，规模经营农户的商品化率显然要远高于小农户，因此，本书假定两者的所有的农产品的商品化率均分别为80%和20%，农产品价格的上涨幅度仍然为10%。本书考察了不同因素对两类农户的收益影响。具体结果见表 7-6。

表 7 - 6 农产品价格上涨对不同规模农产品生产者的福利影响

		r_i	β_i	ki	ΔCSP	ΔPS	ΔNGP
粮食							
情形 1	规模经营农户	0.8	0.1	-0.05	-2	5.45	3.45
	小农户	0.2	0.1	-0.05	-8	5.45	-2.55
情形 2	规模经营农户	0.8	0.3	-0.05	-2	6.15	4.15
	小农户	0.2	0.05	-0.05	-8	5.24	-2.76
情形 3	规模经营农户	0.8	0.1	-0.08	-2	2.73	0.73
	小农户	0.2	0.1	-0.02	-8	8.18	0.18
情形 4	规模经营农户	0.8	0.3	-0.08	-2	3.85	1.85
	小农户	0.2	0.05	-0.02	-8	8.10	0.10
蔬菜							
情形 1	规模经营农户	0.8	0.2	-0.07	-2	4.17	2.17
	小农户	0.2	0.2	-0.07	-8	4.17	-3.83
情形 2	规模经营农户	0.8	0.4	-0.07	-2	5.00	3.00
	小农户	0.2	0.1	-0.07	-8	3.64	-4.36
情形 3	规模经营农户	0.8	0.2	-0.1	-2	1.67	-0.33
	小农户	0.2	0.2	-0.04	-8	6.67	-1.33
情形 4	规模经营农户	0.8	0.4	-0.1	-2	2.86	0.86
	小农户	0.2	0.1	-0.04	-8	6.36	-1.64
肉类							
情形 1	规模经营农户	0.9	0.4	-0.1	-0.83	1.19	0.36
	小农户	0.5	0.4	-0.1	-4.17	1.19	-2.98
情形 2	规模经营农户	0.9	0.6	-0.1	-0.83	2.08	1.25
	小农户	0.5	0.2	-0.1	-4.17	0.00	-4.17
情形 3	规模经营农户	0.9	0.4	-0.14	-0.83	-1.67	-2.50
	小农户	0.5	0.4	-0.07	-4.17	3.33	-0.83
情形 4	规模经营农户	0.9	0.6	-0.14	-0.83	-0.42	-1.25
	小农户	0.5	0.2	-0.07	-4.17	2.50	-1.67
蛋类							
情形 1	规模经营农户	0.9	0.4	-0.1	-0.80	2.29	1.49
	小农户	0.5	0.4	-0.1	-4.00	2.29	-1.71

		r_i	β_i	k_i	ΔCSP	ΔPS	ΔNGP
蛋类							
情形 2	规模经营农户	0.9	0.6	-0.1	-0.80	3.00	2.20
	小农户	0.5	0.2	-0.1	-4.00	1.33	-2.67
情形 3	规模经营农户	0.9	0.4	-0.14	-0.80	-0.57	-1.37
	小农户	0.5	0.4	-0.07	-4.00	5.14	1.14
情形 4	规模经营农户	0.9	0.6	-0.14	-0.80	0.50	-0.30
	小农户	0.5	0.2	-0.07	-4.00	4.67	0.67

注：各种农产品的总需求价格弹性（η）、总供给价格弹性（β）、总供给曲线变动率（k）、价格变动情况均与表 7-5 相同。$Y=100$

（1）谷物价格对不同规模农户的福利影响。

从表 7-6 中可以看出，假定规模经营农户和小农户的供给弹性一样且等于总供给弹性，但由于其商品化率不同，使得大规模农户的净收益为 3.45，要远大于小农户的 -2.55。也就是说，在农户的供给条件相同的情况下，谷物价格的上涨会导致小农户的福利损失。同时，当规模经营农户的供给弹性比小农户的更大时（情形 2），小农户的福利损失更大。但如果两者供给价格弹性一样，但规模经营农户受市场冲击较大（$k_i = -0.08$）而小农户的相对较小（$k_i = -0.02$），那么小农户在生产者剩余中所占份额就会大大增加。相反，如果两者供给弹性有差异的话（情形 4），那么规模经营农户的收益份额仍然更多，但小农户也会随着农产品价格的上涨而有部分正的收益。

（2）蔬菜价格对不同规模农户的福利影响。

表 7-6 表明，无论是在哪种情形下，当蔬菜价格上涨 10% 时，小农户的净收益均为负，而规模化经营的农户的收益大于 0，仅仅在第 3 种情形下，为 -0.33。在情形 1 下，规模经营农户和小农户的供给弹性一样，但由于其商品化率不同，使得大规模农户的净收益为 2.17，要远大于小农户的 -3.83。也就是说，在农户的供给条件相同的情况下，蔬菜价格的上涨会导致小农户的福利损失很大，而这部分损失主要是由于其消费者剩余减少带来的。与谷物类似的是，当两者供给弹性差异增大时（情形 2），两者

的福利差距也随之增大。如果两者供给弹性有差异且面临的市场冲击不同的话（情形4），两者的福利差异会缩小，但小农户仍然存在福利损失。

（3）肉类价格对不同规模农户的福利影响。

肉类价格的上涨对于两种规模的农户来说，其收益相较谷物和蔬菜均较差，这可能是由于其商品化率较高所导致的。而且，表7-6中的4种情形对于小农户而言，净收益均为负。这说明，当肉类价格上涨时，小农户并没有获得价格上涨带来的收益增加。但值得注意的是，当遭遇市场冲击时，由于小农户和规模经营户的自身特点，规模经营户的收益受损更严重，其生产者剩余以及净收益均为负。相比之下，小农户的收益却为正，但由于其商品化程度较高，因此其净收益仍然为负。这一结果表明，在真实市场环境下需要加大对畜禽类规模化养殖户的风险防控意识，为其提供更多的保障。

（4）蛋类价格对不同规模农户的福利影响。

蛋类价格变动对不同规模农户的福利影响与肉类相似。由于其商品化率较高，因此农户由于其价格上涨而享受的收益相对而言均不高。但当市场发生冲击时，由于规模经营农户的生产者剩余变动较大，降低至-0.57，而相比之下，小农户的生产者剩余却上升至5.14（情形3）。当然，当规模经营农户有较高的供给弹性时，其收益损失会相对减少（情形4）。这一结果同样表明，畜禽类规模化养殖更容易获得价格上涨带来的收益，但前提是需要能有效防范市场风险。

总的来说，以上分析表明，不论是哪种农产品，规模化经营的农户都可以从价格上涨中获得较高的收益。但同时，我们仍需看到，规模化经营同样也意味着生产所面临的市场风险更大，更集中，尤其是对畜禽类生产更是如此。因此，在扩大农产品生产经营规模的同时，需要强化风险防范意识，加大社会保障措施。

7.3　本章小结

本章在 Yujiro Hayami 和 Robert W. Herdt（1977）的理论框架基础上，分析了农产品价格波动对农户的消费者剩余和生产者剩余的影响。分析表明，价格上涨对于农户福利的影响主要受其供给和需求价格弹性以及供给曲线变动的程度所影响。通过对已有文献和相关数据的统计，确定了粮食、蔬菜、肉类和蛋类四种农产品的供给价格弹性和需求价格弹性及其商品化率，并在此基础上计算了价格对农户净收益的影响。主要有以下几个发现：

第一，粮食作为基本食物需求，其需求价格弹性相对较低。在商品化率较高的前提下，当其价格上涨时，虽然生产者的消费者剩余有所下降，但其净福利是增加的。数据估测表明，如果粮食的商品化率降低，则生产者的净福利会有所损失。对于不同规模的农户而言，在农户的供给条件相同的情况下，粮食价格的上涨会导致小农户的福利损失。当规模经营农户的供给弹性比小农户的更大时，小农户的福利损失更大。由此可见，粮食的商品化程度提高有利于增加农户的福利，但当粮价上涨时需要加大对城镇居民以及非粮生产农户的福利关注。同时，在强调粮食规模化经营的同时，也需要关注小规模农户在市场中的不利地位。

第二，对于农户而言，相比于粮食，蔬菜的价格上涨对于他们的福利增加相对较小。蔬菜的商品化率提高，有利于蔬菜种植者从蔬菜价格的上涨中获得更多收益，但非生产者群体会因此承受更多福利损失。在农户的供给条件相同的情况下，蔬菜价格的上涨会导致小农户的福利损失很大，而这部分损失主要是由其消费者剩余减少带来的。这意味着，提高蔬菜的市场化程度，为农户提供更便利的销售环境，有利于农户的福利提高。

第三，肉类作为商品化程度比较高的农产品，其消费需求价格弹性也较高，因此对非生产的消费者剩余损失影响较大。肉类价格上涨给农户带来的净收益相对较低。同时，当肉类价格上涨时，小农户并没有获得价格上涨带来的收益增加。但值得注意的是，当遭遇市场冲击时，由于小农户和规模经营户各自的特点，规模经营户的收益受损更严重，其生产者剩余以及净收益均为负。由此可见，在畜牧养殖业中，当价格上涨时，适当的规模经营有利于农户获益更多，但需要防范市场风险对规模养殖户的冲击。

第四，蛋类对非生产的消费者剩余影响较大，其损失占总消费者剩余损失的86%，与其商品化率较高是相关的。但对于生产者而言，蛋类的生产者剩余相对较高，因此在四种农产品中，蛋类的生产者净收益相对较高。蛋类价格变动对不同规模农户的福利影响与肉类相似。由于其商品化率较高，因此农户由于其价格上涨而享受的收益相对而言均不高。

综上所述，虽然农产品价格上涨给农户带来了一定的生产者剩余，但作为自给自足的生产者，他们也同时损失了一部分消费者剩余，对于农户需求和供给弹性较低的粮食和蔬菜而言，商品化率的提高，会使农户也同时享有更多价格上涨带来的福利。而对于农户供给和需求价格弹性较高的肉类而言，其福利提高并不明显。

C HAPTER

第八章

结论与政策含义

　　传统观点认为，农民作为农产品的主要生产者，其食物消费是"自给自足"的，不易受到食物价格上涨的影响。同时，农产品价格的上涨还会给农村居民带来收入水平的提高。因此，每当食物价格上涨时，国家对食物价格的调控和食物价格补贴等政策的实施难免会呈现一种"城市倾向"，即更多地选择平抑食物价格上涨带来的波动，对城市居民的食物消费实行一定程度的补贴。但随着市场化程度的加深和生活水平的提高，农村居民食物消费的货币化程度也在逐步加深，甚至低收入农户的食物消费的货币化程度也达到90%以上。因此，当前农村居民的食物消费受市场食物价格的影响并不亚于城镇居民。同时，虽然食物价格的上涨会在一定程度上给农户带来收入增加，但农民的收入水平受市场波动和农业自身生产特点的限制，其收入水平也存在不稳定的因素。在收入波动和食物价格上涨的双重作用下，农村居民，尤其是其中的贫困群体的食物消费支出负担不容乐观。

　　本书正是基于此背景，试图从营养摄入的角度测度农村居民受食物价格波动的影响。从宏观的角度分析了农村居民的食物消费及价格变动趋势，在此基础上通过对中国健康与营养调查项目2006年和2009年数据，对农村的营养脆弱家庭进行了测度，又在此基础上分析了食物价格对营养脆弱家庭的营养摄入以及家庭内部分配的影响。此外，本书还从消费者剩余和生产者剩余的角度考察了食物价格对半自给自足农户的福利影响。

8.1 研究结论

根据前面各章的分析，本书研究的主要结论如下：

（1）我国农村居民的食物消费货币化趋势明显，食物价格对农民的营养摄入具有重要影响。

根据全国的宏观统计数据表明，近年来我国农村居民的食物消费中现金支付比例日益增高，农村居民食物消费结构也发生了重要改变，肉蛋奶类高质量食品的消费量也在逐年增加，而这部分食品的消费更多地要依靠市场获得。本书在计量分析的基础之上，对农户的营养脆弱性进行了测度，结果发现，有近四成的营养脆弱农户属于营养脆弱家庭，在未来可能会陷入营养贫困的境地。在分析食物价格对农户的营养摄入的影响时，本书发现，在能量摄入方面，非脆弱家庭比脆弱家庭更易受到食物价格的影响，而在蛋白质摄入方面，脆弱家庭更容易受食物价格的影响。本书认为造成这一结果的原因在于，谷物是能量摄入的主要来源，而脆弱家庭大多以粮食种植为主，在谷物消费方面大多以自给自足为主，因而其受价格影响较小；但作为蛋白质摄入来源的肉蛋奶类食物，脆弱性家庭主要依靠市场购买获得，受到食物价格影响较大。因此需要更加关注肉蛋奶等高质量食物价格波动对于脆弱家庭的影响。

（2）农产品的商品化率不同，其价格变动对农户的影响福利不同。

本书验证了商品化率不同的情况下，价格上涨对于农户福利的影响差异。粮食和蔬菜作为基本食物需求，其需求价格弹性相对较低，当其价格上涨时，生产者的生产者剩余增加可以抵消其消费者剩余的损失，其总福利增加显著。同时，粮食和蔬菜商品化程度的提高有利于增加生产者的福利；而肉类和蛋类作为商品化率比较高的食物，其消费和供给价格弹性也较高，因此，这两者对农户的净收益影响并没有粮食和蔬菜大，且规模经营户易受到市场冲击的影响。

以上结论表明，对于谷物等粮食作物而言，保证粮价的适度上涨有利于农户生产者的利益，而粮价上涨更多地要依赖于粮食和蔬菜商品化以及农业市场化程度的提高。粮食价格是市场物价的"风向标"，但当前我国粮价上涨受到国际粮价的"天花板效应"以及生产成本及国内补贴的"地板效应"的双重影响，其上涨空间已十分有限，这在很大程度上影响了农民的种粮积极性。而且由于粮价与 CPI 密切相关，过去国家甚至会为了抑制通货膨胀，严格控制粮价上涨①。这些措施在一定程度上都会影响农户的整体福利。

当前，农村居民肉蛋奶的需求量也在日益增加，食物消费结构升级明显，农村居民在肉蛋奶方面的需求主要依赖于市场，其受价格波动影响与作为纯消费者的城镇居民相比，并无太大差异。同时，肉蛋奶之类的食物商品化率较高，供给弹性较大。当前社会一直提倡对禽类、猪牛羊等畜牧养殖的规模化和产业化，而肉类、蛋类以及蔬菜类的供应也已经开始逐渐脱离"散户供应"的状态。当肉蛋奶开始规模化供应时，这些食物的价格上升，并没有给农户带来净收益的显著增加，对规模经营的农户的影响甚至是负的。在肉蛋奶等相关食物价格的调控中，往往更重视城镇消费者的影响，没能给予农村消费者，尤其是脆弱群体足够的重视。以猪肉价格为例，自 2008 年以来，我国的猪肉价格经历了多次暴涨暴跌的周期，国家发改委、财政部、农业部、商务部、国家工商总局、国家质检总局等六部委还于 2012 年 5 月联合发布了《缓解生猪市场价格周期性波动调控预案》，预案将防止猪肉价格过快增长纳入调控目标，强化市长"菜篮子"负责制，"既保护养殖户、经营者利益，也兼顾了消费者尤其是城市低收入群体的承受能力"。② 当然，该调控预案中也重点强调要加强对规模养殖户的风险应对措施，防止市场波动对他们的负面影响，这与本书分析是基本一致的。

---

① 新浪财经：粮食调控迎来好时机，http://finance.sina.com.cn/nongye/nygd/20120611/102412277481.shtml。

② 新浪财经：缓解生猪市场价格周期性波动调控预案，http://finance.sina.com.cn/nongye/nygd/20120511/182612048329.shtml。

（3）农村食品市场的建设和完善是影响农村居民食物获取的重要因素。

FAO（2013）指出，获取食物的经济和物质手段是衡量粮食安全与否的四个维度之一。[①] 其中，收入水平、食物价格是影响食物获取的经济手段，而农村的基础设施建设，包括道路、通信以及粮食存储、市场运行设施是否完善则是决定能否获取粮食的重要物质基础。本书认为，收入水平和食品价格是影响农村居民食物消费和营养摄入的重要经济因素，但农村消费市场的建设和完善也在很大程度上影响了农村居民获得多样性食物的可能。本书的实证结果都表明，距离自由市场越远，会增加农村居民从市场获取食物的成本，进而影响农村居民的营养摄入；而自由市场规模越小，也会降低农村居民获得多样食物的可能性，所以也不利于农村居民的营养摄入，尤其是不利于蛋白质等高质量营养的摄入。本书认为农村食物消费市场及道路等基础设施建设的滞后和不完善也是导致城乡居民在食物消费结构和消费质量上存在明显差异的重要因素。长期以来，在"自给自足"的传统认识和基础设施投资"城市偏向"的影响下，农村食品消费市场的建设一直处于被忽视的地位。当前农村的食品消费市场仍然主要以自由集市、流动摊贩、小卖部、小超市为主体，其大多数缺少食品安全监管。《中国食品安全发展报告（2013）》的调查数据表明，64.51%的受访农民表示曾遭遇过各种不同类型的食品安全问题，农民很有可能成为假冒伪劣食品、过期食品或其他不合格食品的主要受害者，给农村食品安全风险治理带来了新的难题。[②] 因此，在关注食物价格波动及收入因素影响的同时，还应重视农村食品消费市场的建设问题。

---

① FAO（2013）粮食安全的四个维度可分为：粮食可供量、粮食获取的经济和物质手段、粮食的利用以及一段时间内的稳定性（脆弱性和冲击）。

② 数据来源：http：//www.cnfood.cn/n/2014/0307/13489＿2.html。

8.2　政策含义

综上结论表明，随着市场化进程的加快，农村居民的食物消费行为日益受到食物价格等市场因素的影响，因此，当食物价格不断上涨的情况下，需要更加关注其对农村居民的影响，尤其是对脆弱家庭的影响。结合之前研究的经验发现，本书提出如下政策建议：

（1）进一步完善农产品价格调控机制，加大对农村微观粮食安全的关注程度。

我国一直以来都有较为有力的粮食价格调控机制，以保证主要农产品价格的稳定，但这些政策往往需要耗费巨额的制度成本，加剧国家财政负担（李广泗等，2014）。因此，要进一步完善现有的价格调控机制，加强市场调控的作用，同时还要制定合理的价格补贴机制，既能保证农户的生产收益，又能保证纯消费者的消费利益。

2014年国家正式将粮食安全问题写入了"中央一号"文件当中，以此强调国家粮食安全的重要性。我国一直坚持保证国内粮食自主供给量不低于95%，基本可以满足居民的日常需求。黄季焜等（2012）指出，当一般不存在突出的食物数量或供给安全问题时，对食物安全的关注重点主要是食物价格稳定和贫困人口的食物安全。因此，政府在强调粮食安全问题时，需要加大对微观粮食安全的重视程度，即要保证所有的人在任何时间任何地点能够买得到而且能够买得起满足生存的足够粮食（FAO，2013）。因此，在农产品价格不断波动上涨的背景下，应打破农村居民在食物消费方面主要是"自给自足"的传统认知，充分认识到农村居民食物消费的货币化和商品化的趋势，加大对农村脆弱群体食物获取能力的关注程度。

（2）加大对农村基础设施的投入力度，完善农村食品消费市场建设。

农村基础设施建设，尤其是食品消费市场的建立健全会直接影响农村居民的食物获取权。具体而言，主要有以下几个方面：一是加大对农业生产方面的基础设施投入，例如农田水利建设等，加大这方面的投入有助于保证农产品生产的稳定性，增强农民在生产中应对风险的能力；二是要加大对农村道路、农贸市场等公共基础设施的建设。在当前互联网不断发展的背景下，农村道路等基础设施的建设和完善，农村铺装道路面积的增加，路网密度的加大，有助于促进物流业在农村的发展，可以进一步促进农村居民与外界市场的联系，增强其食物消费的便利性和多样性；此外，在鼓励农超对接的同时，还要鼓励超市下乡，促进农村正规食品消费市场的建设。当然，在食品消费安全方面，政府应给予农村市场足够的重视和干预，切断假冒伪劣产品在农村的流通途径，加强对农村食品市场的卫生安全监督。

（3）加强对农村脆弱家庭的补贴力度，保障脆弱群体的食物安全。

虽然目前我国国家层面的粮食供给充足，但并不能保证每个家庭和个人都有能力得到维持生存和健康所必需的食物量。按照2300元的标准，截止到2014年，我国尚有7017万贫困人口，在扶贫重点县中，有一半多的县仍然有不同程度的缺粮现象。而且近年来由于气候变化，很多地区都不同程度地出现过因自然灾害带来的粮食产量受损的现象。除此以外，还有很多因身体原因无法种地的留守老人等农村弱势群体。政府应对这些特殊地区和特殊人群给予特别的政策关注，加强对脆弱群体的补贴力度，采取包括粮食供应体系、公共卫生以及教育在内的营养敏感型干预措施，以保障脆弱群体的食物安全。

（4）关注城镇化进程给农户带来的食物安全方面的影响。

近几年，中国城镇化的进程不断加快，我们在促进城镇化的过程中，需要特别关注可能会给农户带来的食物安全问题。城镇化进程对农户的食物安全主要有以下几个方面的影响：一是城镇化中大量土地被征用，大量农民进城务工，土地和农业劳动力的减少会直接影响粮食及其他农产品的供给；二是大量失地农民失去了"自给自足"的最低保障，其食物消费完全靠市场化和货币化，会直接增加食物的需求量；三是城镇化会在一定程度上改变农户的食物消费结构，会提高居民食品消费结构中动物产品的比重，从而增加粮食需求总量。按照钟甫宁（2012）的测算，如果城镇化以后的农村居民按照城镇居民的食品消费结构改变自己的饮食习惯，大体保持自己原有的热量摄入水平，则其人均食用粮食将增加 22.34 公斤/年。

因此，在大力推进城镇化的过程中，政府一是需要合理征用土地，保护优质耕地，加强土地流转的监控和管理，不能因城镇化而浪费农业用地；二是要为失地农民提供就业机会，保证他们有足够的收入水平，哪怕在食物价格上涨的情况下依然能够买得到并且买得起足够的食物，保证其营养摄入水平有稳步提高；三是要建立系统的粮食安全应对措施，对城镇化可能带来的粮食需求增加有科学的估测，建立长期有效的粮食储备和供给机制。

8.3　研究的不足和进一步研究方向

虽然本书通过经验研究分析了食物价格对农村营养脆弱家庭营养摄入和营养分配的影响，但目前的研究仍可能存在以下不足。

第一，近几年来，农村市场化程度不断加深，农村居民的食物消费行为变化也十分明显，但本书受数据库已有社区数据的限制，分析时只能使用 2006 年的样本数据，虽然在一定程度上可以说明问题，但是并不能对当前的变化给予更可靠、更令人信服的结论。

第二，农村居民消费与食物价格之间的关系要远比城镇居民更为复杂，目前的分析中也存在着一些令人困惑的问题，比如部分食物价格上涨对高收入人群的影响显著为正等问题。虽然本书可以合理地推测其中可能存在着一定的收入效应，并且与其消费习惯和消费结构有关。但是，笔者也深知这并不是农村居民食物消费与价格之间"故事"的全部。如何剥离其中的收入效应和替代效应，更为清晰地说明食物价格对农村居民消费的作用机制还有待将来的进一步深入分析。

C
HAPTER

附　录

附表1　1978年—2012年农村居民家庭主要食物消费量变化情况

单位：公斤/人

年份	粮食合计	细粮	粗粮	蔬菜	食用油	植物油	动物油	猪牛羊肉	猪肉	牛羊肉	禽类	蛋	水产品
1978	247.8	122.5	125.3	141.5	2	1.3	0.7	5.8	5.2	0.6	0.3	0.8	0.8
1980	257.2	162.9	94.2	127.2	2.5	1.4	1.1	7.7	7.3	0.5	0.7	1.2	1.1
1985	257.5	208.8	48.6	131.1	4	2.6	1.4	11	10.3	0.7	1	2.1	1.6
1990	262.1	215	47.1	134	5.2	3.5	1.6	11.3	10.5	0.8	1.3	2.4	2.1
1991	255.6	213.8	41.8	127	5.7	3.9	1.8	12.2	11.2	1	1.3	2.7	2.2
1992	250.5	210.6	39.9	129.1	5.9	4.1	1.8	11.8	10.9	1	1.5	2.9	2.3
1993	251.8	221	30.8	107.4	5.7	4.1	1.6	11.7	10.9	0.8	1.6	2.9	2.8
1994	257.6	212	45.6	107.9	5.7	4.1	1.6	11	10.2	0.8	1.6	3	3
1995	256.1	210.7	45.3	104.6	5.8	4.3	1.6	11.3	10.6	0.7	1.8	3.2	3.4
1996	256.2	206.5	49.7	106.3	6.1	4.5	1.6	12.9	11.9	1.1	1.9	3.4	3.7
1997	250.7	208.9	41.8	107.2	6.2	4.7	1.4	12.7	11.5	1.3	2.4	4.1	3.8
1998	248.9	209	39.9	109	6.1	4.6	1.5	13.2	11.9	1.3	2.3	4.1	3.7
1999	247.5	206.2	41.3	108.9	6.2	4.6	1.6	13.9	12.7	1.2	2.5	4.3	3.8
2000	250.2	207.1	43.1	106.7	7.1	5.5	1.6	14.4	13.3	1.1	2.8	4.8	3.9
2001	238.6	199.7	38.9	109.3	7	5.5	1.5	14.5	13.4	1.2	2.9	4.7	4.1
2002	236.5	199.4	37.1	110.6	7.5	5.8	1.8	14.9	13.7	1.2	2.9	4.7	4.4
2003	222.4	192.5	29.9	107.4	6.3	5.3	1	15	13.8	1.3	3.2	4.8	4.3
2004	218.3	189.8	28.5	106.6	5.3	4.3	1	14.8	13.5	1.3	3.1	4.6	4.5
2005	208.9	181.8	27.1	102.3	6	4.9	1.1	17.1	15.6	1.5	3.7	4.7	4.9

续表

年份	粮食合计	细粮	粗粮	蔬菜	食用油	植物油	动物油	猪牛羊肉	猪肉	牛羊肉	禽类	蛋	水产品
2006	205.6	178	27.6	100.5	5.8	4.7	1.1	17	15.5	1.6	3.5	5	5
2007	199.5	173.8	25.7	99	6	5.1	0.9	14.9	13.4	1.5	3.9	4.7	5.4
2008	199.1	173.7	25.4	99.7	6.2	5.4	0.9	13.9	12.6	1.3	4.4	5.4	5.2
2009	189.3	165.2	24	98.4	6.3	5.4	0.8	15.3	14	1.4	4.2	5.3	5.3
2010	181.4	159.4	22	93.3	6.3	5.5	0.8	15.8	14.4	1.4	4.2	5.1	5.2
2011	170.7	151.8	18.9	89.4	7.5	6.6	0.9	16.3	14.4	1.9	4.5	5.4	5.4
2012	164.3	144.9	19.4	84.7	7.8	6.9	0.9	16.4	14.4	2	4.5	5.9	5.4
2013	178.5	169.8	8.7	90.6	10.3	9.3	1	20.6	19.1	1.5	6.2	7	6.6
2014	167.6	159.1	8.6	88.9	9.8	9	0.8	20.7	19.2	1.5	6.7	7.2	6.8
2015	159.5	150.2	9.3	90.3	10.1	9.2	0.9	21.2	19.5	1.7	7.1	8.3	7.2
2016	157.2	147.1	10.2	91.5	10.2	9.3	0.9	20.7	18.7	2	7.9	8.5	7.5

数据来源：《中国农村统计年鉴（2017）》。

附表2　1985—2012年城乡家庭人均食物消费量对比

单位：公斤/人

年份	粮食		蔬菜		食用植物油		肉类		水产品	
	城镇	农村	城镇	农村	城镇	农村	城镇	农村	城镇	农村
1985	131.2	257.5	147.7	131.1	6.4	2.6	18.7	12	7.8	1.6
1990	130.7	262.1	138.7	134	6.4	3.5	25.1	12.6	7.7	2.1
1991	127.9	255.6	132.2	127	6.9	3.9	26.6	13.5	8	2.2
1992	111.5	250.5	124.9	129.1	6.7	4.1	26.5	13.3	8.2	2.3
1993	97.8	251.8	120.6	107.4	7.1	4.1	24.5	13.3	8	2.8
1994	101.7	257.6	120.7	107.9	7.5	4.1	24.3	12.6	8.5	3
1995	97	256.1	116.5	104.6	7.1	4.3	23.7	13.1	9.2	3.4
1996	94.7	256.2	118.5	106.3	7.7	4.5	25.8	14.8	9.3	3.7
1997	88.6	250.7	115.2	107.2	7.7	4.7	25.5	15.1	9.3	3.8
1998	86.7	248.9	113.8	109	7.6	4.6	25.5	15.5	9.8	3.7
1999	84.9	247.5	114.9	108.9	7.8	4.6	24.9	16.4	10.3	3.8
2000	82.3	250.2	114.7	106.7	8.2	5.5	25.5	17.2	11.7	3.9
2001	79.7	238.6	115.9	109.3	8.1	5.5	26.5	17.4	12.3	4.1
2002	78.5	236.5	116.5	110.6	8.5	5.8	32.5	17.8	13.2	4.4
2003	79.5	222.4	118.3	107.4	9.2	5.3	32.9	18.2	13.4	4.7
2004	78.2	218.3	122.3	106.6	9.3	4.3	29.3	17.9	12.5	4.5
2005	77	208.9	118.6	102.3	9.3	4.9	32.9	20.8	12.6	4.9
2006	75.9	205.6	117.6	100.5	9.4	4.7	32.1	20.5	13	5

续表

年份	粮食		蔬菜		食用植物油		肉类		水产品	
	城镇	农村	城镇	农村	城镇	农村	城镇	农村	城镇	农村
2007	78.7	199.5	117.8	99	9.6	5.1	31.8	18.8	14.2	5.4
2008	63.6	199.1	123.2	99.7	10.3	5.4	30.7	18.3	11.9	5.2
2009	81.3	189.3	120.5	98.4	9.7	5.4	34.7	19.5	12.2	5.3
2010	81.5	181.4	116.1	93.3	8.8	5.5	34.7	20	15.2	5.2
2011	80.7	170.7	114.6	89.4	9.3	6.6	35.2	20.8	14.6	5.4
2012	78.7	164.3	112.3	84.7	9.1	6.9	35.7	20.9	15.2	5.4
2013	121.3	178.5	103.8	90.6	10.9	10.3	28.5	22.4	14	6.6
2014	117.2	167.6	104	88.9	11	9.8	28.4	22.5	14.4	6.8
2015	112.6	159.5	104.4	90.3	11.1	10.1	28.9	23.1	14.7	7.2
2016	111.9	157.2	107.5	91.5	11	10.2	29	22.7	14.8	7.5

注：数据来源：《中国住户调查统计年鉴（2017）》；肉类数据是将猪牛羊肉及禽肉的消费量进行加总得到；城镇的蔬菜消费量是指鲜菜的消费量；城镇居民主要食品消费量指全年购买的主要食品数量，不包括实物消费量。粮食是指大米、面粉等商品粮。农村居民主要食品消费量指全年购买和自产自食的主要食品消费量。粮食是指小麦、玉米、稻谷、薯类、大豆等按原粮计算的粮食消费量。2008 年以后的城镇水产品消费量只包括鱼虾，不包括其他水产品。

附表 3　1978—2012 年农村居民家庭消费支出情况

年份	农村居民家庭人均消费支出（元）	农村居民家庭人均食品消费支出（元）	农村居民家庭恩格尔系数（%）	城镇居民家庭恩格尔系数（%）	城镇居民与农村居民恩格尔系数之比
1978	116.1	78.6	67.70	57.5	0.849
1980	162.2	100.2	61.78	56.9	0.921
1985	317.4	183.4	57.78	53.3	0.922
1990	584.6	343.8	58.81	54.2	0.922
1991	619.8	357.1	57.62	53.8	0.934
1992	659	379.3	57.56	53	0.921
1993	769.7	446.8	58.05	50.3	0.867
1994	1016.8	598.5	58.86	50	0.849
1995	1310.4	768.2	58.62	50.1	0.855
1996	1572.1	885.5	56.33	48.8	0.866
1997	1617.2	890.3	55.05	46.6	0.846
1998	1590.3	849.6	53.42	44.7	0.837
1999	1577.4	829	52.55	42.1	0.801
2000	1670.1	820.5	49.13	39.4	0.802
2001	1741.1	830.7	47.71	38.2	0.801
2002	1834.3	848.4	46.25	37.7	0.815
2003	1943.3	886	45.59	37.1	0.814
2004	2184.7	1031.9	47.23	37.7	0.798

续表

年份	农村居民家庭人均消费支出（元）	农村居民家庭人均食品消费支出（元）	农村居民家庭恩格尔系数（%）	城镇居民家庭恩格尔系数（%）	城镇居民与农村居民恩格尔系数之比
2005	2555.4	1162.2	45.48	36.7	0.807
2006	2829	1217	43.02	35.8	0.832
2007	3223.9	1389	43.08	36.3	0.843
2008	3660.7	1598.7	43.67	37.9	0.868
2009	3993.5	1636	40.97	36.5	0.891
2010	4381.8	1800.7	41.09	35.7	0.869
2011	5221.1	2107.3	40.36	36.3	0.899
2012	5908.0	2323.9	39.33	36.2	0.920
2013	7485.1	2003.2	34.1	30.1	0.883
2014	8382.6	2175.9	33.6	30	0.893
2015	9222.6	2332.2	33	29.7	0.900
2016	10129.8	2509.2	32.2	29.3	0.910

数据来源：《中国住户调查统计年鉴（2017）》。

附表 4

1978—2012 年农村居民家庭人均现金消费趋势

年份	消费支出（元）	食品支出（元）	现金消费支出（元）	现金食品支出（元）	消费支出中现金占比	食品支出中的现金占比
1980	162.2	100.2	83.8	31.4	52%	31%
1981	190.8	114.1	108.9	42	57%	37%
1982	220.2	133.5	126.4	53.9	57%	40%
1983	248.3	147.6	148.3	59.8	60%	41%
1984	273.8	162.3	163.2	64.7	60%	40%
1985	317.4	183.4	194.7	76.6	61%	42%
1986	357	201.5	228.2	88.9	64%	44%
1987	398.3	222.1	263.8	104.3	66%	47%
1988	476.7	257.4	330.9	129.6	69%	50%
1989	535.4	293.4	378.5	155.4	71%	53%
1990	584.6	343.8	374.7	155.9	64%	45%
1991	619.8	357.1	404.7	164.4	65%	46%
1992	659	379.3	431.4	175.7	65%	46%
1993	769.7	446.8	490.1	198	64%	44%
1994	1016.8	598.5	648.2	264	64%	44%
1995	1310.4	768.2	859.4	353.2	66%	46%
1996	1572.1	885.5	1076.2	423.8	68%	48%
1997	1617.2	890.3	1126.3	435.7	70%	49%
1998	1590.3	849.6	1128.2	428.9	71%	50%

续表

年份	消费支出（元）	食品支出（元）	现金消费支出（元）	现金食品支出（元）	消费支出中现金占比	食品支出中的现金占比
1999	1577.4	829	1144.6	426	73%	51%
2000	1670.1	820.5	1284.7	464.3	77%	57%
2001	1741.1	830.7	1364.1	484.5	78%	58%
2002	1834.3	848.4	1467.6	511	80%	60%
2003	1943.3	886	1576.6	551.2	81%	62%
2004	2184.7	1031.9	1754.5	629.9	80%	61%
2005	2555.4	1162.2	2134.6	770.7	84%	66%
2006	2829	1217	2415.5	835.5	85%	69%
2007	3223.9	1389	2767.1	967.6	86%	70%
2008	3660.7	1598.7	3159.4	1135.2	86%	71%
2009	3993.5	1636	3504.8	1180.7	88%	72%
2010	4381.8	1800.7	3859.3	1313.2	88%	73%
2011	5221.1	2107.3	4733.4	1651.3	91%	78%
2012	5908	2323.9	5414.5	1863.1	92%	80%
2013	7485.1	2554.4	5978.7	2038.8	80%	80%
2014	8382.6	2814	6716.7	2301.3	80%	82%
2015	9222.6	3048	7392.1	2540	80%	83%
2016	10129.8	3266.1	8127.3	2763.4	80%	85%

数据来源：《中国住户调查统计年鉴（2017）》。

附表5

2002—2012年不同收入水平农村家庭的主要食物消费量

项目	年份	2002	2003	2004	2005	2006	2007	2008	2009	2010	2011	2012
粮食	低收入户	215.4	206.3	199.5	197.8	191.3	185.3	184.4	179.8	172.2	165.7	159.8
	中等偏下收入户	229.72	220.4	214.8	205.2	202.7	196.4	206.6	186.7	179.7	167.2	161.4
	中等收入户	244.07	226.2	221.4	212	208.9	204	199.5	191.3	182.4	172.6	163.9
	中等偏上收入户	243.57	233.7	229.8	216.2	215	208.5	202.7	195.1	188.8	176	169.2
	高收入户	248.77	236.3	230.9	216.1	214	207	204.7	196.1	186.8	174.1	169.2
肉类	低收入户	13.41	13.7	13.8	16.5	16.7	15.1	14.7	15.6	16.2	16.7	16.1
	中等偏下收入户	15.6	16.6	16	18.7	18.5	16.9	16	17.4	17.7	18.5	18.7
	中等收入户	17.24	17.9	17.7	22.1	19.9	18.2	17.7	19	19.6	20.5	20.5
	中等偏上收入户	19.5	19.8	19.7	21.9	22.3	20.7	20.3	21.5	22	23	23.1
	高收入户	24.95	24.9	23.8	26.3	26.8	24.6	24.8	26.2	26.2	27.7	28.1
蔬菜	低收入户	85.77	81.2	81.8	81.8	82	78.2	86.1	76.9	76.9	72.1	67.9
	中等偏下收入户	105.41	104	101.5	97.8	96.5	93.2	96.9	87.9	88.2	83.9	78.0
	中等收入户	115.84	113.7	112.2	106.1	103.4	102.2	98.6	97.2	95.1	94.5	86.3
	中等偏上收入户	124.83	120.6	119.5	112.9	111.2	110.7	107.8	105.2	103	100.6	95.3
	高收入户	127.36	124	124.7	118.5	115	117.4	113.9	134.7	109.2	105.4	103.1

续表

项目	年份	2002	2003	2004	2005	2006	2007	2008	2009	2010	2011	2012
奶及奶制品	低收入户	0.97	1.6	1.6	2.2	2.1	2.4	2.4	2.4	2.7	4.3	4.1
	中等偏下收入户	0.84	1.1	1.4	2.2	2.2	2.6	2.9	3.4	2.9	4.8	4.9
	中等收入户	0.95	1.2	1.5	2.5	2.7	3.1	3.1	3	3.3	5	5.2
	中等偏上收入户	0.94	1.6	1.8	2.9	3.3	3.8	3.6	3.9	3.8	5.6	5.5
	高收入户	2.47	3.5	3.9	5.1	6	6.4	5.6	5.7	5.5	6.5	7.3
蛋及蛋制品	低收入户	2.72	2.9	2.6	2.7	3	2.7	3.3	3.4	3.2	3.7	4.2
	中等偏下收入户	3.79	3.9	3.7	3.8	4	3.8	4.5	4.4	4.2	4.6	5.1
	中等收入户	4.75	4.9	4.6	4.7	5.1	4.7	5.5	5.2	5.1	5.6	5.9
	中等偏上收入户	5.61	5.8	5.6	5.5	5.9	5.6	6.4	6.4	6	6.3	7.0
	高收入户	7.11	7.3	7.3	7.5	7.9	7.5	8.4	8	7.9	7.4	8.0

数据来源：《中国农村住户调查统计年鉴（2003—2005）》和《中国住户调查统计年鉴（2013）》。《中国农村住户调查统计年鉴》自 2002—2012 年以收入五等分对农户家庭进行分类统计其消费情况，故从 2002 年数据开始统计，附表 5 和附表 6 均如此。

附表6

2002—2012年我国不同收入水平农村家庭消费支出情况

项目	年份	2002	2003	2004	2005	2006	2007	2008	2009	2010	2011	2012
消费支出	低收入户	1006.4	1064.8	1248.3	1548.3	1624.7	1850.6	2144.8	2354.9	2535.4	3312.6	3742.3
	中等偏下收入户	1310.3	1377.6	1581.0	1913.1	2039.1	2357.9	2652.8	2870.9	3219.5	3952.3	4464.3
	中等收入户	1645.0	1732.7	1951.5	2327.7	2567.9	2938.5	3286.4	3546.0	3963.8	4817.9	5430.3
	中等偏上收入户	2086.6	2189.3	2459.6	2879.1	3230.4	3682.7	4191.2	4591.8	5025.6	6062.9	6924.2
	高收入户	3500.1	3755.6	4129.1	4593.0	5276.7	5994.4	6853.7	7485.7	8190.4	9119.6	10275.3
食品支出	低收入户	562.4	575.7	694.4	796.3	805.3	932.2	1088.4	1106.8	1236.7	1465.4	1620.3
	中等偏下收入户	686.8	714.1	841.1	950.1	979.8	1128.5	1293.7	1317.2	1464.6	1729.9	1902.7
	中等收入户	809.0	840.8	986.1	1120.9	1154.8	1326.6	1527.0	1549.7	1718.0	2000.7	2197.4
	中等偏上收入户	949.5	999.2	1167.5	1297.3	1367.8	1572.0	1815.7	1861.7	2047.6	2355.5	2672.6
	高收入户	1354.3	1429.1	1614.9	1807.6	1965.7	2203.0	2521.5	2601.8	2828.4	3264.4	3622.7
现金消费支出	低收入户	676.6	737.5	855.6	1163.2	1239.0	1426.3	1674.0	1898.5	2022.5	2829.5	3262.1
	中等偏下收入户	941.8	1004.2	1150.0	1486.9	1618.8	1895.2	2151.9	2376.9	2685.8	3462.6	3946.1
	中等收入户	1256.8	1348.6	1499.3	1871.0	2138.3	2461.6	2763.8	3038.1	3426.3	4309.4	4912.6
	中等偏上收入户	1703.4	1797.8	1998.3	2438.8	2790.1	3196.3	3665.0	4081.2	4482.9	5503.9	6421.3
	高收入户	3130.6	3393.5	3710.5	4195.9	4883.4	5558.8	6364.4	7008.9	7710.0	8711.0	9836.2
食品消费的现金支出	低收入户	257.4	277.5	326.5	435.0	445.8	535.9	645.1	673.7	756.4	1031.7	1173.2
	中等偏下收入户	347.7	372.7	438.4	553.8	590.7	699.1	826.1	850.9	963.3	1260.0	1416.0
	中等收入户	452.0	490.4	564.5	697.0	758.5	888.4	1043.2	1075.7	1216.3	1534.6	1712.2
	中等偏上收入户	598.7	642.2	738.4	888.1	965.3	1126.9	1332.3	1389.6	1543.7	1925.2	2203.1
	高收入户	1014.3	1097.1	1221.6	1440.1	1605.2	1804.3	2082.3	2171.9	2384.4	2860.5	3217.4

数据来源：《中国农村住户调查统计年鉴（2003—2005）》和《中国住户调查统计年鉴（2013）》。

附表 7　　主要农产品生产价格指数（以 1978 年 =100）

年份	总指数	种植业产品	林业产品	畜牧业产品	渔业产品
1978	100	100	100	100	100
1979	122.1	122.39	115	122.6	118.2
1980	130.77	131.91	133.17	126.77	120.33
1981	138.48	139.95	169.13	128.16	121.05
1982	141.53	143.43	179.1	128.55	122.26
1983	147.76	151.66	179.46	129.19	126.17
1984	153.67	157.45	185.38	134.49	138.54
1985	166.88	160.07	288.27	166.9	209.61
1986	177.56	170.67	331.23	171.91	231.41
1987	198.87	185.74	398.46	202.68	284.17
1988	244.61	210.74	544.7	284.15	381.64
1989	281.31	250.56	573.03	313.14	380.87
1990	273.99	252.39	484.21	289.02	376.3
1991	268.51	245.61	495.83	281.51	393.99
1992	277.64	248.4	532.02	299.24.	425.9
1993	314.85	278.33	591.08	341.74	520.03
1994	440.47	394.97	660.83	494.15	634.43
1995	528.12	489.56	694.53	572.23	713.1
1996	550.3	512.61	725.09	591.11	737.35

续表

年份	总指数	种植业产品	林业产品	畜牧业产品	渔业产品
1997	525.54	475.75	717.11	601.75	676.15
1998	483.5	445.5	725	522.92	634.9
1999	424.51	382.02	735.15	462.79	587.28
2000	409.23	361.61	661.63	458.16	590.22
2001	421.91	382.03	622.93	472.22	581.78
2002	420.65	382.19	612.4	472.93	557.87
2003	439.03	410.55	655.33	481.26	559.77
2004	496.5	475.66	685.61	534.58	616.81
2005	503.4	483.03	718.45	537.36	645.61
2006	509.44	504.77	810.26	506.89	670.98
2007	603.64	554.34	845.67	665.85	725
2008	688.51	601.07	917.30	825.25	806.49
2009	671.99	618.38	870.33	743.80	798.51
2010	745.50	720.85	1068.59	765.82	858.87
2011	868.14	777.29	1228.03	966.46	945.10
2012	891.93	814.60	1243.13	963.85	1003.51
2013	920.72	849.21	1231.88	986.96	1046.86
2014	919.15	864.41	1224.98	958.34	1079.31
2015	934.5	857.67	1199.01	998.88	1105.76
2016	966.45	832.11	1152.4	1102.47	1143.37

附表8　农村居民消费价格指数（以1994年=100）

年份	食品类	粮食类	肉禽类	蛋类	水产品类	菜类	奶类
1994	100	100	100	100	100	100	100
1995	124.2	140	126.4	114.4	114.4	130.6	126.4
1996	133.5	147.6	133.0	132.5	120.1	157.6	135.8
1997	133.1	132.5	140.3	106.4	120.8	157.2	138.9
1998	128.6	128.4	126.3	106.6	112.7	158.9	137.2
1999	123.4	124.7	115.1	98.5	104.2	162.9	134.7
2000	120.4	110.2	114.5	83.6	105.0	171.5	133.8
2001	120.1	109.9	116.1	88.0	102.7	171.5	133.4
2002	119.3	108.1	116.1	90.6	98.2	169.8	129.8
2003	123.3	110.5	120.9	89.7	98.1	192.5	128.5
2004	137.5	141.1	141.6	107.3	112.5	187.5	130.8
2005	141.0	142.9	146.0	113.1	118.7	200.3	133.3
2006	143.9	147.1	141.6	108.5	119.4	217.1	134.4
2007	163.5	156.2	186.7	131.5	127.2	237.7	137.2
2008	186.4	166.7	224.0	137.1	146.2	264.6	155.4
2009	186.6	175.8	203.4	139.8	148.7	301.6	159.0
2010	200.6	197.5	210.5	151.3	159.0	363.8	162.2
2011	225.4	221.6	260.4	171.4	176.8	371.8	168.2
2012	234.4	229.5	260.9	166.0	192.7	423.4	172.6

续表

	食品类	粮食类	肉禽类	蛋类	水产品类	菜类	奶类
2013	245.5	240.1	272.1	174.1	200.8	457.3	182.4
2014	253.1	247.5	273.2	192.2	209.6	453.7	197.9
2015	259.1	251.8	287.4	178.5	214.2	482.7	194.1
2016	271.6	252.8	305.5	172.8	221.3	536.3	194.3

注：1994 年之后统计口径中将肉禽类和蛋类分开统计，而 1993 年之前只统计了肉禽蛋类，且不涉及菜类及菜类等食品种类，因此，为了口径一致，此处仅使用 1994 年以来的数据。

参考文献

[1] Abdulai A, Aubert D. Cross – section analysis of household demand for food and nutrients in Tanzania [J]. Agricultural Economics, 2015, 31 (1): 67 – 79

[2] Alem Yonas. & Mans. Söderbom. Household – level consumption in urban Ethiopia: the effects of a large food price shock [J]. World Development, 2012, 40 (1): 146 – 162

[3] Andreyeva T, Long M W, Brownell K D. The impact of food prices on consumption: a systematic review of research on the price elasticity of demand for food [J]. American Journal of Public Health, 2010, 100 (2): 216 – 222

[4] Bank W. Global Monitoring Report 2012: Food Prices, Nutrition, and the Millennium Development Goals [J]. World Bank Publications, 2012, 100 (2): 379 – 387

[5] Barnes R, Gillingham R. Demographic Effects in Demand Analysis: Estimation of the Quadratic Expenditure System Using Microdata. [J]. Review of Economics & Statistics, 1984, 66 (4): 591 – 601

[6] Barrera A. The role of maternal schooling and its interaction with public health programs in child health production [J]. Journal of Development Economics, 1990, 32 (1): 69 – 91

[7] Basiotis P, Brown M, Johnson S R, et al. Nutrient Availability, Food Costs, and Food Stamps [J]. American Journal of Agricultural Economics, 1983, 65 (4): 685

[8] Behrman J R, Deolalikar A B. The intrahousehold demand for nutri-

ents in rural South India [J]. Journal of Human Resources, 1990, 25 (4): 665 – 696

[9] Behrman J R, Wolfe B L. More evidence on nutrition demand: Income seems overrated and women's schooling underemphasized [J]. Journal of Development Economics, 1984, 14 (1): 120 – 128

[10] Bowman S A. A comparison of the socioeconomic characteristics, dietary practices, and health status of women food shoppers with different food price attitudes [J]. Nutrition Research, 2006, 26 (7): 318 – 324

[11] Burg J. Measuring populations'vulnerabilities for famine and food security interventions: the case of Ethiopia's Chronic Vulnerability Index. [J]. Disasters, 2010, 32 (4): 609 – 630

[12] Chanjin Chung & Samuel L. Myers. Do the poor pay more for food? An analysis of grocery store vailability and food price disparities [J]. Journal of Consumer Affairs: 1999, 33 (2): 276 – 296

[13] Christiaensen, L. & Subbarao, K. Towards an understanding of household vulnerability in rural Kenya [J]. Journal of African Economies: 2005, 14 (4): 520 – 558

[14] Cortez R, Senauer B. Taste Changes in the Demand for Food by Demographic Groups in the United States: A Nonparametric Empirical Analysis [J]. American Journal of Agricultural Economics, 1996, 78 (2): 280 – 289

[15] Dercon S, Krishnan P. Vulnerability, seasonality and poverty in Ethiopia [J]. Journal of Development Studies, 2000, 36 (6): 25 – 53

[16] Dercon S. Growth and shocks: evidence from rural Ethiopia [J]. Journal of Development Economics, 2004, 74 (2): 320 – 329

[17] Dhehibi B, Gil J M, Angulo A M. Nutrient effects in consumer demand systems: evidence from panel data [J]. Food Economics – Acta Agriculturae Scandinavica, Section C, 2007, 4 (2): 89 – 102

[18] Duclos J Y, Araar A, Giles J. Chronic and transient poverty: Meas-

urement and estimation, with evidence from China [J]. Journal of Development Economics, 2010, 91 (2): 270 – 277

[19] Fan S, Wailes E J, Cramer G L. Household Demand in Rural China: A Two – Stage LES – AIDS Model [J]. American Journal of Agricultural Economics, 1995, 77 (1): 54 – 62

[20] Flux A W. The measurement of price changes [J]. Journal of the Royal Statistical Society, 1921, 84 (2): 167 – 215.

[21] Foster A D. Prices, Credit Markets and Child Growth in Low – Income Rural Areas [J]. Economic Journal, 1995, 105 (430): 551 – 570

[22] Fujii, Tomoki. Impact of food inflation on poverty in the Philippines [J]. Food Policy, 2013, 39 (1): 13 – 27

[23] Gao X M, Wailes E J, Cramer G L. A Two – Stage Rural Household Demand Analysis: Microdata Evidence from Jiangsu Province, China [J]. American Journal of Agricultural Economics, 1996, 78 (3): 604 – 613

[24] Hayami Y, Herdt R W. Market price effects of technological change on income distribution in semisubsistence agriculture [J]. American Journal of Agricultural Economics, 1977, 59 (2): 245 – 256

[25] Hofferth S L, Curtin S. Poverty, food programs, and childhood obesity [J]. Journal of Policy Analysis & Management, 2010, 24 (4): 703 – 726

[26] Horton S, Campbell C. Wife's employment, Food Expenditures, and Apparent Nutrient Intake: Evidence from Canada [J]. American Journal of Agricultural Economics, 1991, 73 (3): 784

[27] Huang J, Rozelle S. Market development and food demand in rural China [J]. China Economic Review, 1998, 9 (1): 25 – 45

[28] Huang, K. S. Nutrient elasticities in a complete food demand system [J]. American Journal of Agricultural Economics, 1996, 78 (1): 21 – 29

[29] Imai K S, Wang X, Kang W. Poverty and vulnerability in rural China: Effects of taxation [J]. Journal of Chinese Economic & Business Studies,

2010, 8 (4): 399 – 425

[30] Jaspers S, Shoham J. Targeting the Vulnerable: A Review of the Necessity and Feasibility of Targeting Vulnerable Households [J]. Disasters, 2010, 23 (4): 359 – 372

[31] Kanbur B R. Food Subsidies and Poverty Alleviation [J]. The Economic Journal, 1988, 98 (392): 701 – 719

[32] Kunreuther H. Why the Poor May Pay More for Food: Theoretical and Empirical Evidence [J]. Journal of Business, 1973, 46 (3): 368 – 383

[33] Kurosaki T. Targeting the vulnerable and the choice of vulnerability measures: review and application to Pakistan [J]. Pakistan Development Review, 2010, 49 (2): 87 – 103

[34] Ligon E, Schechter L. Measuring vulnerability * [J]. Economic Journal, 2003, 113 (486): C95 – C102

[35] Morrissey O. Rural poverty, risk and development [J]. Journal of International Development, 2010, 18 (2): 293 – 294

[36] Pitt M M, Rosenzweig M R. Health and nutrient nonsumption across and within farm households. [J]. Review of Economics & Statistics, 1985, 67 (2): 212 – 223

[37] Ravallion M. A Comparative Perspective on Poverty Reduction in Brazil, China and India [M]. World Bank Research Observer. 2011

[38] Reading R. Maternal and child undernutrition: what works? Interventions for maternal and child undernutrition and survival [J]. Child Care Health & Development, 2008, 371 (9610): 417 – 440

[39] Robert W. Fogel. Economic Growth, Population Theory and Physiology: The Bearing of Long – Term Processes on the Making of Economic Policy [J]. American Economic Review, 1994, 84: 369 – 395

[40] Schultz T P. Testing the Neoclassical Model of Family Labor Supply and Fertility [J]. Journal of Human Resources 1990, 25 (4): 599 – 634

［41］Skoufias E, Quisumbing A R. Consumption insurance and vulnerability to poverty［J］. European Journal of Development Research, 2005, 17 (1): 24 – 58

［42］Son H H, Kakwani N. Measuring the impact of price changes on poverty［J］. Journal of Economic Inequality, 2009, 7 (4): 395 – 410

［43］Stephen L, Downing T E. Getting the Scale Right: A Comparison of Analytical Methods for Vulnerability Assessment and Household – level Targeting［J］. Disasters, 2001, 25 (2): 113 – 135

［44］Strauss J, Thomas D. 'Human Resources: Empirical Modeling of Household and Family Decisions'［J］. Handbook of Development Economics, 1995, 3, part 1 (05)

［45］Strauss J, Thomas D. Health, Nutrition and Economic development［J］. Journal of Economic Literature, 1998, 36 (2): 766 – 817

［46］Strauss J. Does better nutrition raise farm productivity?［J］. Journal of Political Economy, 1986, 94 (2): 297 – 320

［47］Subramanian S, Deaton A. The Demand for Food and Calories［J］. Journal of Political Economy, 1996, 104 (1): 133 – 162

［48］Taylor M. Effects of food prices and consumer income on nutrient availability［J］. Applied Economics, 1999, 31 (3): 367 – 380

［49］Thomas D, Strauss J. Prices, infrastructure, household characteristics and child height［J］. Journal of Development Ecomomics , 1992, 39 (2): 301 – 331

［50］Townsend, Robert M. Risk and Insurance in Village India［J］. Econometrica, 1994, 62 (3): 539 – 559

［51］Yaro, Awetori J. Theorizing food insecurity: building a livelihood vulnerability framework for researching food insecurity［J］. Norsk Geografisk Tidsskrift – Norwegian Journal of Geography, 2004, 58 (1): 23 – 37

［52］Yen S T, Lin B. A sample selection approach to censored demand systems ［J］. American Journal of Agricultural Economics, 2006, 88 (3): 742 - 749

［53］Yu X, Abler D. The Demand for Food Quality in Rural China ［J］. American Journal of Agricultural Economics, 2010, 91 (1): 57 - 69

［54］Zheng Z, Henneberry S R. Estimating the impacts of rising food prices on nutrient intake in urban China ［J］. China Economic Review, 2012, 23 (4): 1090 - 1103

［55］Zheng Z, Henneberry S R. Household food demand by income category: evidence from household survey data in an urban chinese province ［J］. Agribusiness, 2011, 27 (1): 99 - 113

［56］Zheng Z, Henneberry S R. The Impact of Changes in Income Distribution on Current and Future Food Demand in Urban China ［J］. Journal of Agricultural & Resource Economics, 2010, 35 (1): 51 - 71

［57］阿马蒂亚·森. 贫困与饥荒: 论权利与剥夺 ［M］. 商务印书馆, 2001

［58］陈传波. 农户风险与脆弱性: 一个分析框架及贫困地区的经验 ［J］. 农业经济问题, 2005, 26 (8): 47 - 50

［59］陈秀凤. 我国农村居民粮食直接消费实证研究 ［D］. 中国农业大学, 2006

［60］丁丽娜. 我国贫困地区食物安全问题研究 ［D］. 中国农业大学, 2006

［61］陆文聪, 董国新. 中国居民食品消费的 AIDS 模型分析——以西部城镇地区为例 ［J］. 统计与信息论坛, 2009, 24 (9): 76 - 80

［62］范金, 王亮, 坂本博. 几种中国农村居民食品消费需求模型的比较研究 ［J］. 数量经济技术经济研究, 2011 (5): 64 - 77

［63］高峰, 吴石磊, 王学真. 食物价格变动对农村贫困的影响研究 ［J］. 农业技术经济, 2011 (10): 12 - 24

［64］公茂刚, 王学真, 高峰. 中国贫困地区农村居民粮食获取能力

的影响因素——基于 592 个扶贫重点县的经验分析 [J]. 中国农村经济，2010（4）：12–19

[65] 郭晗，任保平. 基于 AIDS 模型的中国城乡消费偏好差异分析 [J]. 中国经济问题，2012（5）：45–51

[66] 郭劲光. 粮食价格波动对人口福利变动的影响评估 [J]. 中国人口科学，2009（6）：49–58

[67] Gale F，唐平，柏先红，et al. 对中国农村食品消费商品化问题的探讨 [J]. 中国农村经济，2006（4）：4–11

[68] 何仕芳. 农产品价格波动与中国农村居民增收关系的研究 [J]. 市场论坛，2011（1）：4–5

[69] 黄承伟，王小林，徐丽萍. 贫困脆弱性：概念框架和测量方法 [J]. 农业技术经济，2010（8）：4–11

[70] 黄春燕. 获取能力视角的微观粮食安全保障：一个文献综述 [J]. 经济问题探索，2013（1）：139–144

[71] 黄季焜. 社会发展、城市化与食物消费 [J]. 中国社会科学，1999（4）：102–116

[72] 黄季焜，杨军，仇焕广. 新时期国家粮食安全战略和政策的思考 [J]. 农业经济问题，2012（3）：4–8

[73] 贾男，张亮亮，甘犁. 不确定性下农村家庭食品消费的"习惯形成"检验 [J]. 经济学（季刊），2011，11（4）：327–348

[74] 李光泗，郑毓盛. 粮食价格调控、制度成本与社会福利变化——基于两种价格政策的分析 [J]. 农业经济问题，2014，35（8）：6–15

[75] 李好. 城镇贫困居民食物消费与营养研究——来自湖南六县的实证分析 [D]. 中国农业科学院，2007

[76] 李瑞锋. 中国贫困地区农村居民家庭食物安全研究 [D]. 中国农业大学，2007

[77] 李小军，李宁辉. 粮食主产区农村居民食物消费行为的计量分

析［J］. 统计研究，2005，22（7）：43－45

［78］李小云，董强，饶小龙，et al. 农户脆弱性分析方法及其本土化应用［J］. 中国农村经济，2007（4）：32－39

［79］联合国粮农组织（FAO）. 世界粮食不安全状况：高粮价与食品安全［M］. 联合国粮食及农业组织，2008

［80］联合国粮农组织（FAO）. 世界粮食不安全状况：经济危机—影响及获得的经验教训［M］. 联合国粮食及农业组织，2009

［81］联合国粮农组织（FAO）. 世界粮食不安全状况：粮食安全的多元维度［M］. 联合国粮食及农业组织，2013

［82］联合国粮农组织（FAO）. 世界粮食不安全状况：强化粮食安全与营养所需的有利环境［M］. 联合国粮食及农业组织，2014

［83］刘华，钟甫宁. 食物消费与需求弹性［J］. 南京农业大学学报（社会科学版），2009（3）：36－43

［84］马骥. 不同类型农村居民膳食营养水平评价与比较分析［J］. 中国食物与营养，2006（11）：52－56

［85］秦秀凤. 我国农村居民粮食直接消费实证研究［D］. 中国农业大学，2006

［86］屈小博，霍学喜. 农户消费行为两阶段 LES－AIDS 模型分析［J］. 中国人口科学，2007（5）：80－88

［87］万广华，章元. 我们能够在多大程度上准确预测贫困脆弱性［J］. 数量经济技术经济研究，2009（6）：32－39

［88］肖海峰，李瑞锋，努力曼. 我国贫困地区农村居民家庭食物安全状况的自我评价及影响因素分析［J］. 农业技术经济，2008（3）：47－53

［89］徐伟，章元，万广华. 社会网络与贫困脆弱性——基于中国农村数据的实证分析［J］. 学海，2011（4）：122－128

［90］叶慧，王雅鹏. 粮食价格及收入变动对国民营养影响分析［J］. 农业技术经济，2007（1）：88－92

［91］喻闻，许世卫，张玉梅等. 中国农村居民家庭食物消费与营养

需求研究——基于农村住户截面数据分析［J］．中国食物与营养，2012，18（11）：41－44

［92］张印午，曹雅璇，林万龙．中国城乡居民口粮消费差距估算——基于中国健康与营养调查数据［J］．西北农林科技大学学报（社会科学版），2012，12（4）：50－56

［93］朱晶．贫困缺粮地区的粮食消费和食品安全［J］．经济学（季刊），2003，2（2）：701－710

［94］朱玲．乡村收入分配与食品保障［J］．经济研究，1997（8）：11－19

［95］朱玲．中国城市化进程中的粮食生产与食品保障［J］．经济学动态，2010（9）：7－14

学术术语索引